快思慢想

那些不可思议的创意本能

〔韩〕金荣汉　金钟沅◎著
（Kim Young Han）（Kim Jong Won）
申涛◎译

北京联合出版公司
Beijing United Publishing Co.,Ltd.

你的时间有限，所以不要为别人而活。不要被教条所限，不要活在别人的观念里。不要让别人的意见左右自己内心的声音。最重要的是，勇敢地去追随自己的心灵和直觉，只有自己的心灵和直觉才知道你自己的真实想法，其他一切都是次要的。

———史蒂夫·乔布斯

序　言

01 第1章
"三十而立"的真正含义

02　第 2 章

冲破固有模式，让理性与感性并存才能成功

03　第3章
全球顶尖企业的秘密

04 第 4 章
跳出思维的坑：40 种原理把握属于自己的成功

成功必备的基本属于自己的创意力

"三星的新员工培训真令我失望。听说现代集团的郑周永会长总是亲自出来和新员工们较量一番，相比之下我们的这个算什么呀？"

很难想象，这一唐突的发言竟然出自一位三星新员工。1977 年，在京畿道龙仁三星集团进修院的大讲堂上，已经完成了为期 4 周的新员工培训的一位员工在分享心得时做出了如上一番评价。一个新员工理直气壮地吐出来的这番唐突发言，让讲堂里的气氛瞬间安静下来，甚至有种寒气逼人的感觉。虽然指导过他的区队长和助教们都对他怒目而视，但他却没有一点儿畏缩，而是对新员工培训问题进行了更彻底的发言。

从那时候起经过了 32 年，2009 年 12 月，这个人小鬼大的青年崔志成被选为了引领三星电子的第一人——自 1977 年作为新员工加入三星 32 年后，崔志成当选了领导整个三星电子的代表。当年他理直气壮地说出新员工培训问题的时候，任何人都没有想到他会在三星这个内部竞争无比激烈的组织中生存下来，并爬升到了社长的位置。到底他有何过人之处，使他能够代表三星这个全球性大企业的呢？

我在他 30 多岁的经历中找到了一个很重要的原因。就像在前面介绍过的逸事一样，他无比残酷地度过了自己 30 多岁的几年时光。1985 年，崔志成 34 岁，被独自一人派往德国法兰克福做分公司社长。当时别说三星，凡贴有"韩国制造"的产品都无人问津。为了卖 64KD 内存，他翻遍了电话号码簿，只要看到有关"电子"、"PC"的商户就马上找过去，三天两头地往法国、意大利等欧洲各地出"无宿两日"的差。现在回想起来，这是一种近乎荒唐的工作方式，但只要是为了销售，他拿出的热情真的足以让他昼夜翻过阿尔卑斯山脉——"欧洲包袱商"的这个外号可不是随便起的。在无数次强行军 [1] 般的努力之后，他在进军欧洲的第一年，也就是 1985 年，单枪匹马地卖掉了相当于 100 万美元的半导体。

而在学习上，他依然孜孜不倦。白天穿梭在欧洲各地忙着营业，晚上则死背超过 1000 页的技术教材，几乎没有休息的间歇。与之相对地，他得到的补偿便是销售额，德国的销售每年成倍增长，到

---

[1] 强行军：指紧急时高速度、长时间地连续行军。此处喻指长时间持续高强度工作。

了1991年他便成为了半导体部门的管理组长。如此艰难地度过30多岁的他，在开辟新市场方面的能力得到了认可，于2004年，为了开发平板电视的销售渠道，他又成为了影像媒体的总社长。那时他53岁，兼管着设计经营中心，研发世界级名牌波尔多电视。2006年，三星手机部门遭到美国摩托罗拉的打压陷入一场苦战，于是崔志成又换位成为了手机部门的社长。在这里他又一次谱写了神话，上任后仅1年便赶上了摩托罗拉。2009年，崔志成终于成为了三星电子的总社长。而这也是身为世界最强IT企业之一的三星公司第一次任命非电子工程学专业背景的人担任总社长。这一年，他58岁。

崔志成度过了一个无比残酷的30岁。在三星的环境和文化中，如果不用创意性方法工作是无法生存下来的，只要是三星人，即使过了30岁也要继续学习，并努力开发头脑。以这种方式度过5年、10年，最终成长为一个创意性天才——可以说，崔志成社长就是从30岁开始培养自己的创意本能、用"三十法则"获得成功的一个代表性人物。

我每周都会到全国的企业进修院去讲三到四次课，在那里，你会看到每一个企业各自不同的文化，碰到从事各种职业的人们，听到各种消息。有时候，看到20年前作为新员工见过的人现在成为了该公司的社长，让我不禁大吃一惊，但当我又看到另一个跟那个社长一起入职的新员工还停留在该公司的部长位置时，就更为吃惊了。到底在过去的20年间，这两个人都发生了什么事情呢？什么原因会使一个人成了社长，而另一个人只是部长呢？答案就像他们分居社长和部长的职位一样明确——一个人把"创意本能（Creativity Instinct）"搁置在一边，让它慢慢生锈，相反另一个人则把创意本能磨炼进化至了最佳状态。

虽然创意本能是每个人都具备的能力，但是它却会以30岁为起点发生变化。搁置在一边就会生锈，相反给予锻炼和培养就有可能让它变得更为精练。在职场中生活的人们，根据30岁以后的创意本能发达与否，你既有可能变得无能，也有可能成为天才。30岁，是大部分人迎来一生中首个"创造期"的阶段。在这之前，人们都是在不断熟悉工作的过程中，把学到的东西储存到记忆仓库里。但是你不可能一直都只是储存而已，到了30岁，社会生活或多或少都经历过了，经验也积累了不少，也该是将之前积累下来的知识活用来创造新东西的时候了。这时，能够唤醒沉睡在体内的创意本能的人，就将发挥出足以让周围大吃一惊的实力，乘风破浪地大步前进。现在就让你的人生充满创意本能吧，希望这本书能够让你的人生以最美丽的方式绽放。

金荣汉＆金钟沅

不管你要的是什么，如果没能在 30 岁时迎接到转折点，那么到了 40 岁一切将会变得更加困难，等到 50 岁时一切都将变得不可能。也就是说，无所事事地度过 30 岁，就等于把人生给你的最好机会给白白地、原封不动地浪费掉了。

서른법칙

"三十面立" 的真正含义

01 人生关键点

未来从 30 岁开始

　　人们常说："人生从 40 岁开始！"那么为了能从 40 岁开始人生，30 岁以前就要做好准备。所有事物的开始都需要事前准备，所以 30 岁就应该是 40 岁以及往后人生的准备时期。

　　我们听说过很多 40 岁以后开始成功的人。比如，喊出"天天低价！"（Every Day Low Price!）的口号，受尽千辛万苦直到 44 岁才转入零售业，最终成为《财富》杂志评选的全球最大规模企业——"沃尔玛"的创始人山姆·沃尔顿；还有在历经无数次的挑战与实验失败之后，终于在 40 岁时创建了福特汽车公司，直到现在一直都被认为是"美国汽车界尊严"的福特汽车创始人亨利·福

特。他们的成功并非只是因为运气好，也不是上了年纪便自然而然
成功的特殊人。山姆·沃尔顿在 40 岁前历尽"千辛万苦"，而亨利·
福特则是无数次的"挑战与实验失败"，正是这些修饰语暗示了他
们的成功秘诀——为了能在 40 岁以后获得成功，他们都曾度过无
比残酷的 30 岁。

40 岁之前的人生是为了迎接华丽的 40 岁而积累知识和经验的
准备时期。现在在哪里做着什么事情，其实并不重要，只要你心中
的梦想依然在触动着你（即使那是多么微不足道的梦想），那就为
了实现那个梦想而努力吧！而这个准备时期就是你的 30 岁。

秃鹫是一种大约可以活 70 年的禽类，在能活 70 年这一点上，
秃鹫和人类有着许多相似之处。但是，秃鹫在活了 35 年以后，长
长的喙就会变弯，翅膀也会变得异常沉重，再也无法自由地翱翔蓝
天。如果一直这样下去，不采取任何补救措施，最后肯定连动一动
都会非常困难，以至于无法进食——没东西吃那就只能饿死了。那
么秃鹫究竟是怎么挺过危机而生存下来，度过余生的呢？答案就在
于残酷的自我变化。秃鹫会经历一次痛苦的自我更新过程，那些年
老的秃鹫会飞到高高的山顶上，用喙啄坚硬的岩石，靠这种方式使
那些都快碰到胸口、又弯又长的喙脱落，然后长出崭新的喙；再用
新长出来的喙，将指甲和羽毛一根接一根地拔下来——原本因为衰
老下垂的羽毛和喙而托着沉重身子的秃鹫，就这样重新变得像鼎盛
时期一样倍感轻松，直到可以再次飞翔。秃鹫之所以能再次翱翔于
蓝天，能再活 30 年之久，其答案就在于痛苦的更新期。

人类也是一样。一过 40 岁，读书、学习都会变得不再那么轻松。这时候也许眼睛也花了，身不由己了。因此，人类必须像秃鹫一样，在 30 岁的时候进行一次更新。如果这时不为 30 岁以后的人生做投资，那你就将永远错过人生中唯一的机会。

首尔大学经营学教授赵东成非常有名，不只是在学术界，在大众间也是鼎鼎有名。他毕业于美国哈佛大学，1978 年，他以 29 岁的年龄被聘请，成为国内最年轻的教授。而之所以说他伟大，是因为他并没有在 30 岁时驻足不前。在他成为教授的第二年，也就是刚好 30 岁的时候，他做了一个新的决定。成为大学教授以后，他把起床时间提前到了清晨 6 点，起床后就马上参加各种研究活动，或者与企业家、教授们一起进行研究和讨论，继续为自己的发展而努力。通过与早餐同时进行的讨论，他经常能发现一些新的知识。等到讨论一结束，他就立刻前往进修学院或者学校上班，就这样把早上的时间利用得比任何人都有效率。

为了培养创意本能，利用早上的时间就显得非常重要。直至今日，赵东成教授依然能这么活跃地参加各种活动，就是得益于从 30 岁开始的持续性的学习与自我启发。年轻时他曾走过经营学学徒的道路，历任经营学会会长时又持续进行各种研究和对外活动，如今他依然在大学里给学生们讲课——他就是一个典型的活用"三十法则"人生的人，而"三十法则"现在仍在继续完成着他的人生。

傻瓜与天才的互变

1999 年，星巴克在首尔市西大门区开设了第一家分店，正式开始咖啡事业。自此各式各样的国外咖啡品牌就在韩国国内深深扎根，几乎独霸了整个市场。在这种情况下，唯独有一家韩国本土的咖啡企业依然散发着自己的光芒。

延世大学前有一家叫作"蒲公英领土"的文化咖啡屋。6 层楼的规模、800 平方米左右的建筑，整个都是咖啡屋。除了在延世大学，"蒲公英领土"在高丽大学、建国大学、庆熙大学、大学路等地上还有 25 家以上的分店。让人惊奇的是，这个咖啡屋的总裁池成龙直到 35 岁还只是一个担任教会牧师的神职人员。他是如何在做了那么长时间的神职人员之后，摇身一变成为了引领成功企业的CEO 的呢？他的智商指数（IQ）只有 87 左右，而且在事业刚起步的时候，他对于经营方面的知识还完全是一无所知的状态——所有的这些情况都预示着他不可能成功。

故事要追溯到他辞掉神职人员工作的 1990 年。他因为一个无可奈何的理由而将神职工作辞掉后，瞬间就成了一个失业者。尽管那是一个非常艰难的时期，但他却每天泡在图书馆，从上午 10 点到下午 7 点不停地读书。他读书时不分领域，涉猎了包括报纸在内的女性杂志、童书以及经济经营相关领域的书籍。就这样，失业后的 3 年中，他竟然读了 2000 本书。读完书后，他对于人生的想法开始一点儿一点儿地发生改变。辞掉神职人员的工作变成失业者的时候，他没有任何自信，对人生充满恐惧，但是在读了一本接一本的书以后，他就不再那么惧怕这个世界了。

他将仅有的自信当作资产并决定开一个咖啡屋，却发现经过 3 年多的失业者生活之后，手里剩下的钱只有 2000 万韩元而已，这让他长叹了一口气。虽然不是小钱，但这个数目对创业并没有太大帮助，以这点儿钱在哪里都开不了店铺。忧心忡忡的他突然想起了之前读过的一本印象深刻的创业书。于是他按照在书中所学到的那样，翻遍了延世大学附近的每一块土地，终于找到了一个 10 平方米的无许可木板房。他用 1500 万韩元签下了这个比他自己预想的要好得多的店铺，然而，就在他喜出望外的时候却听到了一个晴天霹雳般的消息——花光全部家产签到的店铺，因为是无许可建筑，竟然拿不到营业许可证。当时的状况令他绝望至极，他不得不放弃所有的一切。对于一般人而言，如此绝境中就只能放弃多年苦苦赚来的全部资产，就此沉沦下去，但是池成龙却想出了拯救自己且极具创意的好点子。

"对了，应该这样来做，不是要卖咖啡，而是要收文化费（入场费），咖啡和饮料则免费提供，要以这种方式来经营！"

用这个创意，他就可以开始营业了，而且这种前所未有的方式在大学生那里得到了很好的反响。在大学生们的大力支持之下，"蒲公英领土"继续着它的红火，现在遍布全国的 25 家分店全都生意兴隆。

作为总裁的池成龙在 30 岁以前一直是个牧师，对经商可以说完全是个门外汉，然而他通过不断地学习与自我启发，使自己成为能够发挥创意本能的点子天才，最终成为了成功的企业家。池成龙对正在经历 30 岁的年轻人强调 30 岁的重要性时说道："要比普通人多读书，要变得更聪明，到后来你会知道年轻是多么珍贵的东西。所以绝对不能把青春白白浪费掉。"

真的如他所说的那样，只要不断地进行自我启发，就商靠普通人的智商获得成功吗？蔚山大学的周尚尹教授针对创意力与智商给出了以下的定义：

"创意力跟智商是完全不一样的。如果说智商是根据理论来解决问题的能力，那么 创意力就是摆脱理论的束缚来解决问题的能力。理论会按照既定的道路来引导我们，单靠以智能为基础的理论，是无法发挥出创意力的。"

就如我们在池成龙的事例中知道的一样，创意力与智能是无关的。与众不同的构思和独特的想法是通过永无休止地自我启发产生的。如果这不是事实，那么不管池成龙做什么工作都是不可能成功的。傻瓜和天才共存于同一个头脑中，即使托智商的福而获得一个优异的学习成绩，但如果没有创意力，就会在应用方面碰到困难。池成龙虽然智商并不高，但是他在 30 岁时并没有疏忽学习和自我启发，从而将潜藏于自己身体里的天才创意力挖掘了出来。

越老越年轻的大脑

在 2007 年 KBS-TV[1] "答题英雄" 的节目中，61 高龄的权吴识成为了答题英雄。在这位年龄最高的 "答题英雄" 的生活中，运动与阅读是不可或缺的重要组成部分。他每天都会读书，每天都持续着学习与运动并行的生活。他的生活和大脑成为了人们讨论的话题，最终电视台决定探究他的大脑结构。结果大出众人的预料——虽然他已年过古稀，大脑却还保持着 30 岁的状态。为了准确地比较，人们还检查了同年龄女性的大脑，结果发现那位女性的大脑体积明显变小，而大脑中央的脑室扩大，造成了大脑中空的状态——也就是说他们虽然在年龄上一样，但是大脑的状态却截然不同。那么他

---

[1] KBS：韩国放送公社，为大韩民国最早的公营电视台与广播电台，与文化放送株式会社（MBC）和株式会社（SBS）并列为大韩民国三大无线电视台。

们的区别究竟在哪里呢？

　　一个人通过勤奋的头脑训练，使脑细胞再生的数量刚好填补了死去的量，而另一个人因为懒于头脑训练，脑细胞无法再生来弥补死亡数量，于是差距就产生出来了。这也说明脑细胞的再生量会根据环境以及本人管理与否而有所不同。直到不久之前，脑细胞还被公认为只要死去就不会重新再生，但是最近脑科学家和心理学家发现，脑细胞也会再生。根据头脑经营状况的好坏，我们既可以减少脑细胞的死亡量，也可以增加再生的脑细胞数量。

　　加拿大麦吉尔大学的心理学家唐纳德·海博以"根据头脑经营的脑细胞再生"为主题做了一个实验。他将大学研究室里的实验用的小白鼠分为两组，一组放在实验室里不管，另外一组则带回了家。放在研究室里的小白鼠每天都重复着同样的生活，而带回家里的小白鼠则让它们跟孩子们一起玩耍，然后再重新带回实验室。实验证明，跟孩子们一起生活过的小白鼠同放在实验室里的小白鼠相比，在学习能力上表现出了巨大的差异：被孩子们抚摩过、一起玩耍过的小白鼠，因为其不同寻常的经历，学习能力有很大提高；相反，一直被关在实验室里面的小白鼠，则表现出跟之前毫无区别的能力水平。这个实验充分说明了活用大脑能提高学习能力。

　　1998 年，脑科学家们通过尖端影像设备，找到了脑细胞再生的决定性证据。他们给癌症患者注射荧光染料后，开始追踪癌细胞增殖的情况。结果研究人员发现，染料集中分布于大脑的海马部位。这是神经细胞，也就是神经元正在分裂、增殖的证据。

英国的迈格尔教授通过对伦敦一名出租车司机的大脑进行研究，也证明了脑细胞的增殖。现在伦敦的出租车主要是一种叫作"black cap"（黑色帽子）的汽车。特别的是，"black cap"上没有指引道路的导航仪，所以出租车司机们不得不记下复杂的伦敦市区所有的道路和建筑。如果你想参加伦敦的出租车司机考试，就需要先花短则 1 年半、长则 3 年的时间，骑小轮摩托车转遍伦敦的大街小巷，记下地理情况。因为只有把 7 万多条道路及沿线所有建筑和场所全部记下来，另外至少还要把《大不列颠百科全书》里的常识装到脑袋里，这样才能给乘客提供贵族般的高级服务。一旦考试合格，这份高收入的终身工作就会成为生活的保障，所以大部分人都会拼命地准备考试。当然也不是考试通过一次，以后就可以疏忽学习。成为了出租车司机以后，人们也要继续去记忆所有道路，所以不管年纪多大，只要还在干"black cap"出租车司机这一行，就要持续不停地学习。

迈格尔教授对"black cap"出租车司机和同龄普通人的大脑进行了磁共振显像扫描，结果显示虽然他们年龄相当，但在大脑的体积上却有着明显的差距。因为"Black cap"出租车司机一生都在学习，进行着大脑运动，所以大脑组织要比普通人的大，而且后脑勺也明显增大，微微隆起凸出。所以，并不是人上了年纪脑细胞就会一起变老。变老的只是你的想法，而不是你的大脑。脑细胞也像肌肉一样，只要不断地活用它、不停地训练它，你就能保持一个年轻的大脑。

不要错过让自己成为天才的机会

　　像莫扎特、爱因斯坦、爱迪生、毕加索等被评价为取得了人类能完成的最伟大事业的天才们，到底和普通人有什么不一样呢？美国佛罗里达州州立大学心理学教授安德森·埃里克森一直致力于对天才的智商进行研究，他说："天才不是天生的，而是训练出来的。"他分析天才是由 1% 的灵感、70% 的汗水和 29% 的自我启发组成的。认为成功者们都具有非凡智能的想法只是一种误解，其实他们并不是智商特别超群的人。据调查，成功者们的普遍智商指数（IQ）也不过 115 ～ 130，比普通人稍微高一点儿而已。这个数据约占全部人口的 14%，也就相当于每 100 人中就有 14 人具备成为天才的条件。

　　当然，这些人肯定在平均水平之上，然而我想说的是"天才们并不一定天生就有比别人优秀的头脑"这个事实。诺贝尔物理学奖获得者理查德·费曼，生前因其无数异想天开的点子而被称作天才，但他的智商指数（IQ）也不过 122 而已。爱因斯坦、毕加索、达尔文等人小时候也都因为学习成绩不太好而经常不及格；艺术大师凡·高、高更、柴可夫斯基、伯纳德·肖，这些人的情况也一样。

为了发现自己的才能，就要唤醒潜藏于自己体内的创意本能，而要做到这点，就必须知道大脑到底是怎么运作的，要清楚这个过程。而事实是，经常动脑会使脑细胞增长，而一旦停止弃用就会退化，在这一点上大脑跟肌肉其实是一样的。

神经元（神经细胞）通过各个胞体发出的树突和突触连接，而学习和运动则会使新生的突触更为发达，从而强化大脑功能。在学习的过程中，神经连接也会旺盛成长，强化神经元间的引力。如下图所示，如果不断地学习，就会生成血管内皮细胞生长因子，刺激大脑新生毛细血管，促进血管通路的扩张。如果血流活动变得旺盛，就会分泌神经化学物质和各种生长因子，逆转脑细胞破坏过程，在物理上强化其回路。基于这种原理，就会生成勤奋的脑细胞，从而帮助大脑唤醒创意本能。

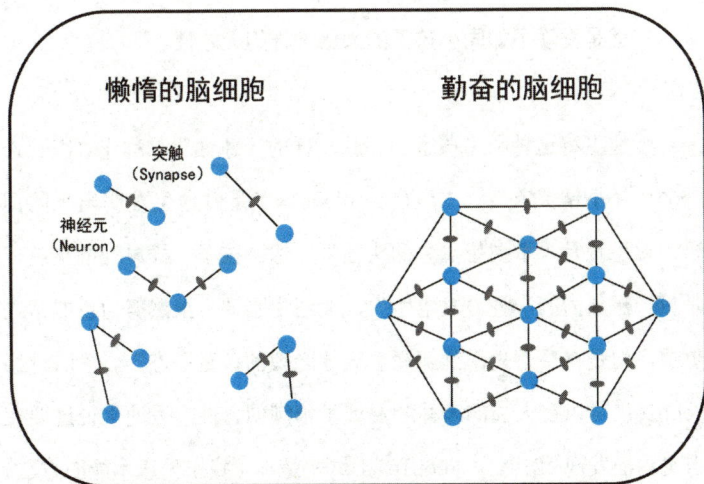

那么是谁第一个认识到人类具有创意性智能的呢？就是世界著名的科学家托马斯·爱迪生。爱迪生坚信人类拥有通过努力获得无穷发展的可能性，他为后世留下了这样的话。

"如同锻炼身体就可以增加肌肉一样，通过不断地训练，头脑在各方面都会变得很有用。要尽可能减少畏惧心，让自己充满好奇心，像孩子一样思考。"

在爱迪生刚好 82 岁的那一天，一个新闻记者扔给他这样一个问题：

"在您迄今为止的发明中，您觉得最有意义的是什么？"
"就是发现了如同小孩子的大脑一样的天才性。"

爱迪生将这种和小孩子的大脑一样的天才性头脑称作"Little People（小精灵）"。"Little People"是爱迪生发明出来的词语，意思就是"掌握想象力的头脑"。像小孩子一样单纯的头脑，是量产想象力的一种"发电所"，爱迪生强调，虽然努力也非常之重要，但是"要首先回到蕴涵着天才之魂的孩童心态"。"Little People"可以在人类的肉体和灵魂里填满创意性，爱迪生说过要在自身内面发现"Little People"，这才是真正找出创意本能的方法。

一切皆有可能

　　大家一般都认为，过了 30 岁身体就会慢慢衰老，所以大脑也会同样变得运行迟缓，但这是错误的想法，大脑要过了 30 岁或者 40 岁以后才会变得更加活跃。过了 30 岁以后，大脑就开始发挥独特的作用，这个时候是人生中最为重要的瞬间。因为若你能在这个时候很好地利用它，你接下来的整个人生都将变得不一样。

　　对大脑进行研究就会知道这样一个事实——到了 20 岁后半期，大脑的编制会变得相当稳定。在那之前，大脑只是在不稳定中重复着生成和破坏，直到 20 岁后半期才编制成为最理想的形态。然后过了 30 岁，大脑就会以统一的形态定位，接着就会经历一次爆炸式的发展过程，大脑变得越来越好，渐渐地你就会发现一些年轻时找不出的事物之间的连接纽带。原因就在于到了 30 岁以后，你所能观测到的这些连接纽带的范围会飞跃式地扩大。

　　《纽约时代》杂志在 2008 年 5 月 20 日曾有过这样的报道："跟上了年纪大脑能力就会低下的传统观念不一样，相反地，年长者的大脑有可能比年轻者的大脑更为高明。"

"虽然上了年纪以后记忆力有可能退化，但相反，判断力和创意力则会增强。"一直进行关于年龄和智能变化研究的威斯康辛大学教授约翰·宏，耗费毕生精力从发育心理学的研究和理论上来探究智能的变化。他将人类的智能分为流动型智能（Fluid Intelligence）与结晶型智能（Crystallized Intelligence）。流动型智能是指推理能力、计算能力、记忆力、图形知觉能力等与经验无关的智能，而结晶型智能则指诸如词汇、一般常识、言语理解、判断等，可以通过经验、训练和教育等环境因素来发育、积累的文化性智能。人们在年轻的时候，流动型智能处于优势，所以善于数学计算和推理，而且记忆力也比较优秀。可是，随着年龄的增长，通过环境因素而发育的结晶型智能开始强化的现象会愈发明显。所以，在年轻人的智能中，流动型智能更为活跃，而随着年龄的增加，在社会生活和日常事务中做出重要决定的时候所必需的智能就将变得越来越活性化。

在谈到这两种智能的时候，约翰·宏同时谈及被称作"统管智能"的"第三智能"。这种智能是指把握现象的能力、企划力、决策力等统合大量情报并做出新决定的能力。据说，有些人的统管智能在 30~40 岁会上升，但相对地，有些人也会降低。这种统管智能包含了直观和直感的本能，在这种意义上它就是创意本能。

虽然任何人都具有创意本能，但是根据管理与否，它可以被强化，也可以被削弱。我们要记住的是，创意本能站在弱化与强化的十字路口上的阶段，就在 30~40 岁——创意本能被强化的人有可能成为点子天才，而如果放任自流，任其生锈，你就会堕入推不出新想法的无能状态。

但就算是这样，也没必要担心现在的自己不够聪明，因为大脑具有比我们想象的要强得多的可能性。可是，还有一点要先强调一下，就是"你有多热爱这么珍贵的大脑呢"？关键就在于，在学习新东西、新领域上，你能敞开多大的胸怀？而如果你热爱你的大脑，你是否敢于去做大脑想要做的事情？

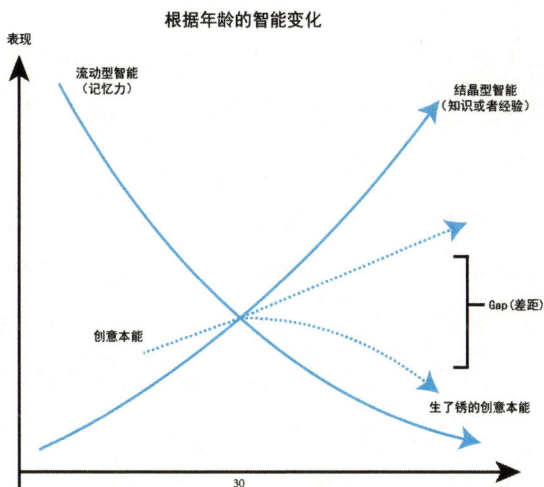

根据年龄的智能变化

成功与平庸的差距

　　H 银行是韩国国内的一流银行之一，李支行行长在出席该银行新行长就任仪式的时候，他的脑海中掠过了各种想法。

　　现在即将就任新行长而站在自己前面讲台上的金行长，20 年前与自己还是在同一个部门工作的同事。而且金行长还不是 H 银行出身，IMF 外汇危机之前他曾在 S 银行工作，而后随着 S 银行被 H 银行合并，他才成为了 H 银行的一员。

　　在合并的时候，金行长还是支行行长，但之后因为他的营业能力得到了认可，虽然他并非本银行出身，还是不停地升职，在升任副行长之后终于成为了银行的一把手——行长。李支行行长曾是他的同事，但在过去的 20 年间也只是勉强保住了原来的职务，最近才艰难地坐上了支行行长的位置。

　　20 年前，不论金行长还是李支行行长，都曾在 S 银行同样的职位上工作过，但是现在情况却完全不一样。李支行行长仔细地想了想：

　　"我这个朋友到底是怎么成为行长的，而我又做错了什么，始终摆脱不了这个位子呢？如果说原因在于努力，那我应该也不输给他，问题到底是出在哪里呢？"

理由非常简单明了。这并不是"努力的差距"，而是"努力方法的差距"，因为一个人只是侧重于肉体上的努力，而另一个人则重视提升创意力上的努力。

根据银行经营环境的变化，金行长不仅以充满创意的想法开辟了新市场，还以革新性的思想热情地工作，最终取得了出众的成果。就是这样连续不断地取得成功之后，他最终升到了行长的位置。

当然在 20 年前，金行长和李支行行长的创意本能几乎没有什么差距。两个人唯一的区别就在于，李支行行长将创意本能搁置一边，使创意本能生了锈；而金行长却不断地磨炼它，努力刺激迸发新想法的冲动。

人类的能力到了 30 岁就会开始画一个下降曲线，但是与此相反，创意力即使过了 30 岁也不会停滞，而是会继续成长。在自己的领域取得独一无二的业绩，并且得到别人认可的成功者们，即使过了 60 岁，他们的创意本能也是不会生锈的。

美国精神心理学家 J. 史蒂尔曾经研究过人类的精神能力与年龄的关系，他注意到"成功者与未成功者的精神能力存在着明显差异"。换言之，即成功者的记忆力、想象力、创意力、判断力等都会随着年龄的增长而提高，但是未成功者却在 30 岁以后表现出大脑能力整体退化的现象。

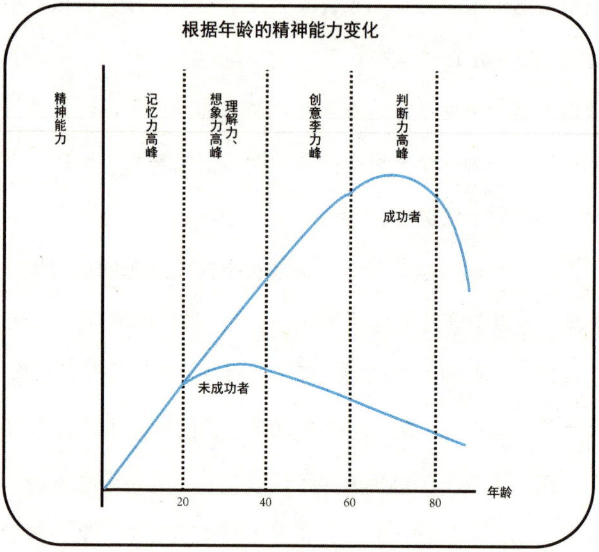
根据年龄的精神能力变化
精神能力
记忆力高峰
理解力、想象力高峰
创意李力峰
判断力高峰
成功者
未成功者
20
40
60
80
年龄

据分析，根据年龄的不同，成功者达到最佳状态的大脑能力类型也会有所不同。记忆力在 20 岁时达到最佳，理解力和想象力则是在 30 ～ 40 岁时、创意力是在 40 ～ 60 岁达到顶峰——若把这些看作智能构成比的话就可以知道，成功者的结晶型智能与创意本能都非常发达，但是未成功者的创意本能构成比则明显低下。

跳出思维的坑实例之一

民族史观高等学校 第 0 课时，体育

每天清晨，坐落于江原道平昌的民族史观高等学校，都会响起一阵响彻整个村子的声音。早上 6 点刚一过，全校学生就聚集在学校体育馆进行 30 分钟的体育教学，活动身体练习剑道，边喊边运动。对于这一体育教学的效果，民族史观高等学校艺体能力科的金明顺老师做了这样的说明：

"早晨运动可以促进早餐的食欲，让规律的生活习惯渗透全身，另外还有提高学习效率的作用。"

美国伊利诺伊州的内伯威尔高等学校也跟韩国的民族史观高等学校一样，每天早上都要做运动。内伯威尔高等学校是从 4 年前开始设置第 0 课时的体育课，全校学生在教学开始前便聚集在体育馆跑步、运动。

特别是，学校会在学生们的胳膊上贴上心率测量器，来测定心脏跳动次数。只有当心脏跳动次数达到每分钟 160～190 次左右，才可以停止运动回到座位上，而要达到这样的数值只有全力运动才行。在谈到让学生们这样运动的理由时，身为体育教师的保罗·金塔斯基一再强调早晨运动的重要性，并说："早晨运动，可以使大脑分泌多巴胺、5-羟色胺之类的激素，而这些会提高注意力与积极性，对学习很有帮助。"

这个学习的运动礼赞并没有到此为止，连在上课的时候，教师也会诱导学生们自由运动他们的身体。我们在这里可以看到学生们在听讲的同时，有些会在书桌下，弄个像秋千一样的脚踏板摇晃双脚，或者把大大的球放在椅子下面滚动。上课途中，学生们都会时不时将身体重心偏至左侧或右侧，来回交替，据说这种动作有交替左右大脑半球的作用。内伯威尔高等学校采用这种持续的运动教学获得了极大的效果，学生的学习能力有了很大提高，以至于学生们的阅读理

解能力比运动教学前提高了大约 10%。如今该校引以
为豪的科学课程在世界上排行第一名，而数学方面也
是稳坐美国高等学校排行的第四名。

02 首先，认清自己

跟着主流走不一定全对

　　直到大学毕业我都对未来没有什么特别的想法，只是在一个既定的框架里生活，所以我一直以为毕业后能够很轻松地进入大企业就职。但理想与现实的差距总是很大的，从大学毕业后我才知道，找工作就如同上天摘星一样困难。因为企业的数量非常少，所以优秀的大企业就只有那些毕业于一流大学的人材才能去，对我这样艰难地从三流大学毕业的人来说，那种地方真是遥不可及。切身认识到就业的困难以后，我开始学习计算机。不久之后，在一个熟人的帮助下，我得以作为讲师在计算机学院找到了自己的第一份工作。那时因为学院还同时兼做美国电脑公司的销售代理店，所以我一边做讲师，一边兼职做电脑推销员。我一心想做好工作，所以总是四处奔波，投入全身心的热情去打拼，但事情却没有想象的那么轻松。问题就在于烟和酒。虽然那种风气现在收敛了不少，但当时如果在推销的时候不跟顾客喝点儿酒、一起抽抽烟，就几乎不可能成功营业。所以早上到公司上班时，经常会神情恍惚。每天一开始就处于神情恍惚的状态，自然也记不得当天都做了什么，就这样一天天地混日子。

三星的电脑事业刚开始起步的时候，我跳槽到了三星电子，那时我 30 岁。我发现三星的员工培训同其他公司完全不一样，在那里员工都要接受跟营业没有直接关系的经营或者管理方面的教育。从繁忙的业务时间里挤出两三天来接受培训，是非常辛苦的事情，但是真的能够学到很多东西，所以我感到非常充实。偶尔还会去海外进修，所以有机会参加了美国惠普教育计划，见识到了超一流企业的市场营销手段。而正是因为当时充分地吸收了世界一流水准的知识和情报，才有了我现在的成绩。

入职三星电子以后，我在工作进程中几乎从未抽烟喝酒，取而代之的是热情待客，以及为了写出对顾客最佳的提案而绞尽脑汁。最后，我干脆把烟酒全都戒掉，发奋学习日新月异的电脑技术，为了说服顾客而不停地进行自我提升。我分析每次见到的顾客的不同情况，再写出解决各个顾客问题的创意性提案书。就这样，我的大脑突触的活动变得越来越旺盛，没有给大脑任何生锈的机会。随着我的提案书不断地被顾客们采纳，我从营业科长升到营业部长、事业总管，可以说是平步青云、直线上升。

1988 年，我离开三星成立了经营咨询公司，40 岁时又进入了研究生院。我并行着经营者与学生的道路，以经营咨询和企业教育中获得的情报与知识为基础，开始写书。要写一本书，需要读好几百本的参考图书，所以我每周都会精读五本左右。我就这样一直边为销售而奔波，边在研究生院不断学习、读书、写书。最开始我出版了一两本经营书籍，因为看到市场的反响不错，就更加热衷于写书的工作了。到 53 岁成为国民大学经营研究院教授为止，我一共出版了 40~50 本书，其中一些也跻身超级畅销书的行列。一般要写出 50 本以上的书，至少也要读好几千本参考书。但我从不会将手中的书大概浏览一遍就翻过去，大部分我都会精读，这样才能记住那么多书的主要内容，有些书我甚至连"哪一页写了什么"都记得一清二楚。

在我刚出道做推销员的时候，我的记忆力是比较差的。经常和同事一起喝酒，一根接一根地抽烟，所以一整天我几乎都在精神恍惚的状态下和各种人见面，毫无意义地胡说八道。现在我 62 岁，就继续热情地工作而言，已经算是迟迟暮年了，但我的记忆力反而比 30 年前好了很多，所以我感到无比的自豪，而且觉得脑筋也变好了，创意能力也得到了极大的提高。这种惊人的结果都是从我 30 岁时在三星工作开始的，如果继续在之前的公司上班，那我肯定会以过去的方式进行经营，而且那个公司也肯定不会为我提供任何培训机会，说不定我依然会每天到处喝酒，变得跟别的 60 岁老年人一样，放下所有的工作去消耗岁月。

全面的认知是一切的开端

创意本能是每个人都具备的能力。有些人能发现创意本能并去培养它，而有些人却完全意识不到它的存在，还有一些人即使意识到了它，也未必能去发展它。你没有必要因为智商天生平庸而对自己感到不满，只有极少数的人才具有天生的天才智能，99% 以上的人出生时都只拥有平凡的大脑。而创意本能是包括这 99% 在内的所有人都具有的才能。早一些发现创意本能的人，即便在小时候看起来只拥有平凡的头脑，但随着勤奋学习以及对头脑的不断启发，其大脑能力便会提高到惊人的程度，最终获得极高的成就。

世界上有各种各样的人，有些人知识丰富，但是创意力落后，相反有些人虽然知识并不丰富，但创意力却非常出众。因为根据发现与培养创意本能的方式不同，每个人所表现出的模式也不尽相同。

创意本能的第一种类型是鲸鱼型。这种类型的人的创意本能曲线就像鲸鱼背一样，不仅不高而且变化也非常缓慢。这意味着该类型的人还处于尚未发现自己的创意本能的状态，没有去做任何努力来启发创意本能。于是他就只能在别人都可以做到的常识水平上徘徊，因此这类人也可以说有那么一点儿不幸。

第二种类型是袋鼠型。这种曲线就像袋鼠的身躯一样，先是急剧上升，接着骤然下降，之后就连着长长的尾巴。这种类型跟创意本能的多少无关，一般他们会在青年时期表现出出众的创意力，但是如果仗着这点而懒于持续进行自身创意本能的启发，很快就会沦落到创意力平庸的水平。

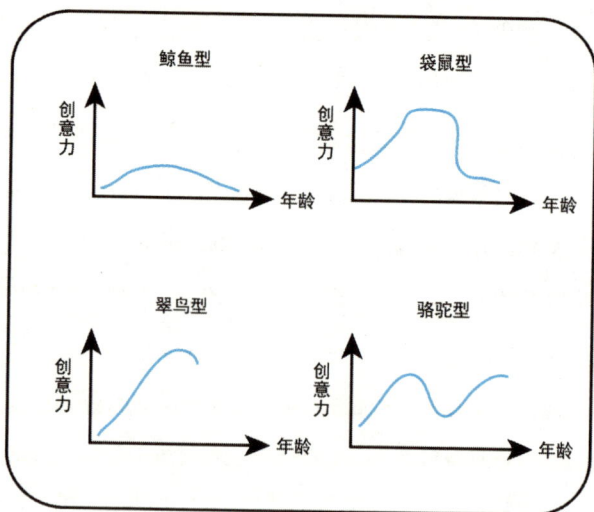

第三种类型是翠鸟型。翠鸟可以在空中飞翔时突然扑到水中抓住在水里游来游去的小鱼。这种类型虽然具有基本实力，但是创意力水平却始终一般，所以他们是通过拼命地自我启发，来打破固定观念的壳子，并非瞬间就能冒出划时代的好主意。打破壳子出来以

后,也要通过严酷的练习,才能磨炼出翱翔天空、捕猎新东西的能力。

第四种类型是骆驼型。双峰型骆驼的背上有两座峰。在初期,这类型的人会表现出无人能及的非凡创意力,但是在某一瞬间会突然下降。但是如果在下降的时候能够加强自己的努力和学习,就可以重新培养出创意本能。

这些年我见到过不同企业、不同阶层的人们,从他们的经历中我发现,非创意性人群比起创意性人群的数量要多好几倍。约 80% 的人属于发挥不出能崭露头角的创意力的鲸鱼型,而其余三种类型(袋鼠型、翠鸟型、骆驼型)的人加在一起才有 20% 左右。

摆脱负面情绪

人每天平均会做 5 万个左右的思考。在这之中有 70% 左右是负面的想法,而正面的想法只占 30% 左右。当然也会有人认为,自己是相信正面力量的积极的人,不属于这一负面的平均值。那么,一起来回想一下你早上的情况吧!

"太累了。一定要上班吗?"
"交通为什么这么堵?往哪儿挤啊?我也赶时间!"

"苦难的事情总是只出现在我身上。"

"为什么让我这么烦？"

想想看你是不是就是在这些不满中开始一天工作的呢？不停地出现负面想法的人是不断积累疲劳的人。虽然适度的疲劳有将生存的重要记忆铭刻于大脑中的作用，但是过度的疲劳就会将负面的印象刻在脑中而毁掉大脑。一位大脑学家曾说过："如果慢性疲劳状态持续太久，就会发生脑细胞自杀的现象。"也就是说，慢性疲劳会杀死神经元并腐蚀突触，从而降低突触的连接能力。如果过度疲劳或者兴奋的状态一直持续，大脑将无法进行任何思考。现在是时候去找一些从过度的疲劳中跳脱出来的方法了。像这种时候，你就需要音乐、少量运动或散步等，这些都可以使你的心情平静下来。

随着年龄的增长，组成身体的细胞会逐渐失去应对疲劳的能力。如果细胞老化，能量的消耗就会增加，对过度兴奋的抵抗力也会减弱。如果细胞因疲劳使大脑中的神经元慢慢被破坏，那么突触也会消损，其体积也会变小。突触功能逐渐退化，结果很多地方的连接作用都会被中断，记忆力也随之下降。随着突触活动的减少、树状突起往里收缩，向大脑供给营养的毛细血管也跟着减少，导致血液的流动也变得不再那么通畅。没有足够的血液来供给氧气、能量、生长促进物质与损伤恢复物质，细胞就只有面临死亡了。

随着年龄的慢慢增长，死去的神经元数量将逐渐超过新生的神经元数量，而且新生的神经元中正常运转的神经元比例也会下降。

从脑科学家们以小白鼠为对象进行的实验结果来推断，神经元成长
为具有功能的神经元的比例在 30 岁时是 25%，到 50 岁时会大幅下
降至 8%。因此，我们只有通过自我启发或者运动来不断地训练大脑，
才能防止脑细胞的死亡，并增加再生的脑细胞数量。

跳不出来就是井底之蛙

在培养创意力的道路上，人们最大的绊脚石就是这句话。

"那个根本没有任何关系嘛！"

大部分相当理性的人都会犯这种错误。之所以会有这种现象，
就是因为人们对那些乍一看没有任何关系的事物之间的关联性，完
全不予关注。可是请你至少记住，我们如今使用的大部分东西起初
都是从无法解释的非理论性出发而创造出来的，以正确的理论分析
来发明或者发现新事物的事例反而较少。

关注那些看似互不相关的事物，一点点地赋予其关联性，你就
会在它们之间获得新的构思，或许接下来的某一个瞬间，就能够突
然发现在过去连想都没想过的、出乎意料的关系。但是，有些人只
重视理论，或者根本不知道互相冲突的事物之间的关系的重要性，
这些人肯定是处于丧失了自由思考或者正在失去自由思考的状态。

如果对话向着自己从未考虑过的方向展开，这种类型的人总是会用下面这样的话来中断对话。

"请稍等，不好意思，但我首先必须指出一点：现在讲的这些跟我们要解决的问题有什么关系呢？"

当然，也有可能确实没有关系。但也有可能从善于异想天开的人的角度上看来是有关联性的，而在只追求理论的人眼中却看不出有任何关系。

韩国有这样一种说法——"越是不景气的时候，超短裙就越流行"。可以说这句话完全没有什么理性可言，但这也是可以用理性思考分析出来的。为了发现这样的事实，人们就要具备能够接受所有事物以及事物相互关联性的包容力；要亲自走出去，仔细观察人们随着经济状况而变化的服装，研究事物之间到底存在什么样的差异，并将这些总结归纳在一起。这种情况下，理论性倾向强的人通常就会说："人们穿衣服和不景气到底有什么关系啊？"用这种否定的态度来对待事情，就不用指望他会有什么进一步的分析了。即使为了把握大众趋势而去仔细阅读报纸或者书籍，那些也都不过是已经被别人分析出来的意见而已。我们所需要的并不是别人的意见，而是自己的意见。因此，现在就马上到外面去看看这个世界吧！如果你去亲自观察一下，你对待关联性的看法就会慢慢地发生变化，然后你就会发现跟原来的主题毫不相关但却值得去关注的关联性。

虽然用理性的方法把握事物的本质和中心也非常重要，但是，能够仔细观察其周围事物才应该是思维的主旋律，因为只有这样才能够发现那些仍然以未完成状态存在的、未被探知的隐蔽关联性。

03 树立成功的基调

除了坚信，你还要和别人不一样

如果回想一下已经过去的一天，你会发现无数的借口在为这一天辩护——"上班迟到是因为今天的公交车来得特别晚；没能按计划完成计划书是因为别的杂务实在太多了……"结果都是对未完成事情的借口而已。满是借口的人最终也只能被压在巨大的借口之山下面对失败。现在我们所需要的并不是理性的借口，而是非理性的创意本能，就连"成果主义是非人性的"、"强化动员企业外部资源，换句话说不就是要解雇我们吗"等这些想法也都是借口，而招来这些借口的原因，就在于你想要在一个安全的地方舒适地过一辈子等安逸的想法。当然，你有思考的自由，也有对不平等提出抗议的自由。但是，如果这些成为了你的全部就麻烦了。当你去找借口来提出抗议的时候，时间不停地流逝，竞争者们一步不停地走到了你的前面——相信这绝对不是你所希望看到的状况。

日本大辅证券公司以身为证券公司却一律不进行营销而著名，而做出这个决定的人正是其社长大辅道男。起初，员工们都不能接受这一决定，因为之前通过营销而维持了很多老顾客，所以员工中的抗议非常严重。但是社长却断定营业者们的薪水会增加顾客要负担的手续费，所以取消了营业员和分店。当时很多人都预测，在大辅证券已经不太好的经营状况下，做出这样的决定肯定会让公司完蛋。但是，大家的预想都错了，而且错得很彻底。因为大辅证券撤掉分店后，创立了电话咨询中心，通过电话沟通的方式来面对顾客，而这种营业方式刚好赶上了时代的浪潮，反而让公司获得了巨大的成功。

大部分人都认为，对证券公司来说营业员和分店是必需的。所以也有种固定的观念认为，不管公司多么困难，也不能抛弃这些。可是，大辅道男却用全然不同的想法克服了危机，那就是站在顾客的立场上来思考问题。从顾客的立场来看，自己交的手续费高就是因为证券公司的规模超过了需要。所以他就找出了能减少不必要的规模、同时又能减少费用的有效营业方法，也就是电话咨询中心。

在采取某种特别的措施从而做出巨大变革时，很多人都会边说"这样失败的可能性大"边劝阻。而且，很多人都无法完全抛弃所拥有的东西，最多只是将其暂时搁在旁边，心想等到新的成功了以后再扔掉。这都是因为低估了新事物的可能性造成的。

开始任何事情的时候，一定要想着"能行"！然后再开始工作。如果大辅道男没有确信自己能够成功，他就不会用顾客的心理去思考，也不会有撤销营业员和分店的想法，更不会想到电话咨询中心的运作模式。

所以要试图开始新工作的时候，首先要想那个事情一定能成功，然后再开始。这个时候，新的点子将会浮现出来，而创意力也将从这里开始。

开创属于自己的世界

美国经济周刊《商业周刊》（*Business Week*）在 2009 年 10 月将任天堂（Nintendo）选为了世界最强企业。一个日本的游戏公司超越美国的 IT 企业谷歌（第 2 名）和苹果（第 3 名），这是从来没有过的事情。而将这样一个 120 年前就开始制作花札[1]，并以此慢慢成长起来的公司变成世界最强企业的人就是岩田聪。出生在北海道的岩田聪，1982 年毕业于东京工业大学情报工学专业，只

---

[1] 花札：日本传统的花式纸牌。

是个再平凡不过的工程师，然而他却在 35 岁的时候成为了巨人企业任天堂的社长。

　　岩田聪学习过计算机工程学，后来在太古百货的电脑专柜把玩各种零部件和程序，是个电脑狂人。之后通过百货店职员的介绍，他进了一家叫作 HAL 的研究所，是个适合他的性格和专业的计算机企业。他食宿都在这个地方，全身心地埋首于开发游戏软件，但是并没获得什么看得见的成果。因为他终究只是一个没有销售经验的人，所以不管制作出多么异想天开的东西，也是卖不出去的，更不用说有收益了。因为较之销售，公司更侧重于开发，所以研究所的财政状况变得越来越差。而岩田在 HAL 研究所专心于开发的时候，游戏产业的至尊就已经属于任天堂了。因家庭电脑（Family Computer，FC）风暴而使所有开发者羡慕不已的任天堂，在当时就像包含了岩田所在的 HAL 研究所在内的整个业界的母亲河一样。24 岁的岩田整理了一下衣领，打开任天堂本社的大门走了进去。但是任天堂没有理由去跟一个没有什么拿得出手的业绩的研究所签订游戏开发合同，这跟年轻气盛的霸气和挑战意识完全是两码事。所以完全不符合任天堂无比苛刻的许可政策的 HAL 研究所理所当然地遭到了拒绝。

　　可是，公司的生存问题和满腔热血的渴望，使岩田并没有放弃而是不停地去说服。虽然到最后仍然没有拿到正式的许可合同，但任天堂还是同意其以外包的形式进行游戏开发。对于岩田来说，这是个千载难逢的机会，但任天堂却不能完全信任他，并且向他预定了一个难度颇高的游戏的开发。对于这个小小的电脑公司来说，这是个有点儿吃力的课题。一句话，这就是为了让他们看清界限自动退出去的信号。

可是岩田漂亮地通过了这个算不上考试的考试。完美地完成了首个任务后，岩田在任天堂得到了"超级程序员"的外号。能在制造出世界第一的游戏机和软件的任天堂得到认可，岩田也是无比兴奋。而知道了岩田的实力后，任天堂就把一项正处于苦苦挣扎状态的游戏开发交给了他。当时，任天堂在开发的一个叫"谋杀2"的游戏程序陷入瓶颈，寸步难行，使开发管理者们伤透了脑筋，后来在几乎都要放弃的时候，才决定将这件事交给正在任天堂开发部大显身手的奇才试试。任天堂问岩田："什么时候能完成？"岩田用坚定的声音回答道："如果是你们要花3年完成的事情，换成我，只要1年就能做出来。"事实证明，他不仅完美地遵守了看似不可能的约定，还将这个曾是一堆烂摊子的游戏打造成了销量30万张以上的优秀产品。

到了这个时候，岩田的成功表现很自然就传到了山口会长那里。34岁就成为陷入经营困境的HAL研究所社长，而且还将其打造成了最强的游戏软件公司，岩田的能力是山口无法忽视的。山口会长闪电式地将岩田引进公司，让他当了企划部部长。后来当任天堂受到索尼（Sony）和微软（MS）的挤压陷入危机时，山口认为不能继续对峙下去，又把岩田任命为任天堂的社长。这时，岩田才43岁，这可以说是足以震惊日本金融界的划时代提拔，但是岩田本人却觉得没什么了不起的，仍然全身心地继续投入到产品开发当中。在就任社长的第三年，"任天堂 DS"发布并售出了 1 亿台，而两年后发布的"Wii"又售出了 5 千万台，引起了强烈的反响——创意天才岩田就是这样引领处于危机之中的任天堂成为了世界最强企业。

列奥纳多·达·芬奇的"三十法则"

高丽大学统计学专业的朴有成教授在一个叫"性别·死亡原因·年龄加权的人口预测"的研究报告书中提到，如果维持当下的出生率水平和现在的医学发展速度，2017 年左右韩国将会进入老龄社会，并于 2024 年进入超高龄社会的领域。在这里提到超高龄社会，是想强调人们要活下去的日子还剩下很多。而让我们感到不安的是，要活下去的日子还有很多，但是就业却相当不稳定。比起那么长的活着的时间，工作的时间就显得很短了。就像前面已经提到过的一样，30 岁是个重要时期，可以决定每个人余下的人生。如果你未能在 30 岁时唤醒创造本能，那么剩下的人生或许就不会如想象的那般一片光明。

"你有自信在 10 年或者 20 年后变得跟现在不一样吗？"

如果你还在以盲目的自信心活着，一心想着什么都会往好的方向发展，那么现在是时候剪断这种懦弱的链条了。这个时期你需要决心，决心从 30 岁开始过一个华丽而又令人满意的人生。曾经有个伟大的科学家，他 30 岁之前的人生也一直是毫不起眼儿的，但是 30 岁以后他所经历的人生却完全不一样了。

1452 年 4 月 15 日，一位科学家于意大利佛罗伦萨的乡村小镇芬奇诞生，是公证人皮耶罗和农民的女儿卡泰丽娜的私生子。虽然他是名望颇高的家族的长子，但在当时，身为庶子是没法去上大学的，他没有接受过什么正规的教育。父亲结过 4 次婚，这让他有了 13 个同父异母的弟弟妹妹。因为父亲，他一直在祖父母和叔父弗兰西斯科的养育下长大，一直到 30 岁，他生命中的一切都还是乱七八糟，一事无成。

他的名字叫列奥纳多·达·芬奇。拥有着这样一段一事无成而痛苦的年少时光的达·芬奇，在 30 岁的时候被"想要展示自己的强烈欲望"所逼迫，因此，他就给在米兰有权有势的斯福扎公爵送去了自我简介，强调自己是机械、建筑、军事技术专家，而且还说自己在绘画与雕塑方面也颇有天分。之后达·芬奇有幸住进了公爵家里展示自己的才华。实际上，达·芬奇就是因为 30 岁时的努力才迎来了他的鼎盛时期。30 岁时，他以宫廷的舞台设计师和音乐家的身份开始工作，用亲手制作的手琴演奏，以非凡的歌唱实力征服人们。

也是在这个时候，他完成了耶稣揭露自己的弟子中有背叛者的《最后的晚餐》以及圣弗兰西斯科教堂的祭坛画《岩间圣母》等初期巨作。当时，米兰因鼠疫死了很多市民，达·芬奇为了救助市民还设计了一个卫生的污水处理设施。作为一个革命性的建筑家，他甚至设计了具有专用道路的城市，还以学徒的名义参与了教堂圆屋顶的设计工程，以全职顾问的身份活动，在当时非常有名。

达·芬奇的人生直到 30 岁为止都是一无所成的。但是，他拥有自己的图书馆，是个随身携带书本、无时无刻不在疯狂阅读的读书狂，并用左手在巴掌大的小纸条上做各类记录逾六千条。这些纸条上不但记录着包括数学、建筑学、音乐、文学、哲学方面的内容，还记录着观察和研究河流与云彩的流动、鸟儿飞翔的方法、动物与人体解剖学、星星的运行、植物的生长等内容，以至于在晚年见到他的法国国王弗朗西斯一世断言，这个世界上没有比他更高明的人了。

"画草图是巨匠的活儿，而去实行它则是下手的活儿。"

这是写在列奥纳多·达·芬奇不朽的记录里的一句话。如果把这句话搬到我们这个时代，那么"巨匠"应该就是创意性地度过 30 岁的人，而"下手"就是每天背着繁重的业务借酒消愁，从早到晚因巨大的疲劳而感到痛苦的人。达·芬奇给人类留下了令人敬佩不已的业绩，度过了一个比任何人都高明而充满创意的人生，这些都是因为他在 30 岁的时候对自己人生的策划。假如他在 30 岁时没有想展示自己的强烈欲望，那么我们或许就见不到这位人类历史上最伟大的科学家了。

何为成功的基调?

虽然创意以想象力为基础，但并不是只要想象就可以的。要培养创意力，需要具备具体在技术或者艺术上实现它的能力。一般来说，具体实现创意力的人可分为艺术家、技术者、企业家三种类型。艺术家用自己的想象力创造差别化作品，他们正是以这种差别性赢得自身价值的认可。而技术者们虽然也是用自己的想象力开发差别化的技术，却跟艺术家不同，他们需要论证自己的技术。所以，技术者们是以将差别化的技术变成专利的形式来得

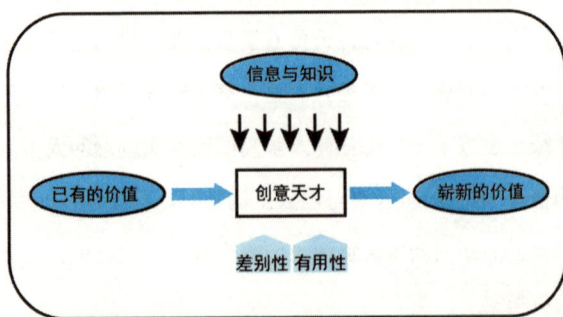

到认可。而企业家则要创造差别化的商品（服务），而且这个商品必须是有用的，能以被顾客们购买的方式得到认可。企业家式的创意力并不是全凭个人的力量就能具体实现的，还需要有企划、开发、生产、营销等形成团队的集团创意力。像这样拥有企业家式的创意力、能够创造出新价值的人，我们称为创意天才。创意天才就是用超强的想象力将未来的价值打造成商品（服务）并最终引向成功的人。

以下是当代金融发展理论奠基人 D. 麦金农（D.Mackinnon）整理出来的创意性人才所拥有的特性：

- ·讨厌呆板的形式。

- ·拥有平均水平以上的智能。

- ·语言知觉与空间知觉高。

- ·理解力出众，善于活用人生经验。

- ·具有犀利的观察力和分辨力。

- ·自我表现欲强烈。

- ·对新经验的态度开放。

- ·坦诚地表达自己的感情和感受。

- ·比起对事物进行判断，更偏好对其的感知。

- ·同时具备悟性和感性。

- ·倾向于独立进行判断与思考。

- ·不对小事恋恋不舍，更关注意义。

- **·喜欢有挑战性、弄不清楚的错综复杂的事情。**

　·积极、自信。

以量引导自身的变革

　　如果你认为莫扎特应该是像具有神的双手一般流畅地进行谱曲的话，那你的这个误解就太大了。在他刚刚 30 岁的时候，因为谱曲执笔时间太长，导致他的手几乎变形扭曲，这才是我们不曾真正了解过的莫扎特真实的模样。当然，他天生就具有无人能及的才能，可是点燃他才能的却是超乎常人想象的努力，如果你能像他一样努力，也会对唤醒你的创意本能起到很大的帮助。现在引领着韩国企业的那些 CEO 们也都如此。他们都不是因为成长在绝好的环境中，也不是因为继承了一个运作良好的公司才坐到现在的位子上。最关键的原因是因为他们对创意本能有着一股非常强烈的热情。

　　有个以经常连续三天不睡觉、只顾着工作而出名的普通职员。人们都担心他的健康，但是他自己却一点儿都不在乎。有一天，他脸上长了个脓包，却连去医院的时间都觉得可惜，就自行用烙铁烫掉脓包继续工作——他就是 SK 集团的名誉会长孙吉胜，他的这种努力最终点燃了他的创意本能，让他从一个平凡的普通职员一步一步地走到了最高经营者的位子。

三星电子生活家电的前社长韩勇外因其出类拔萃的控制力而受到众人的赞誉。有一天深夜，在他喝下了20杯以上的炮弹酒之后，会餐者中有一个人对他提出了问题。他把举着的酒杯放下来，从暗兜里掏出小册子记下问题，然后告诉对方会在哪一天几点回电话。提问题的人当时半信半疑，他做笔记已经是令人惊讶的事情了，但还不至于真的会来电话。可是几天之后，韩勇外却在约好的时间准确地用电话对他的提问做出了回答。

现代资本的前会长李继安直到现在依然坚持每天清晨4点40分起床读书的习惯。在还是最高经营者的时候，他每个月平均要读30本左右的书。年轻的时候，他因为觉得开车就会没时间读书，所以经常坐地铁。现在他也是把要读的书分成在书桌上看的书、躺在床上看的书和在车里看的书等，放在伸手可拿的位置。他不仅是与众不同的读书狂，而且他的生活焦点也是以读书为主来计划的——就像这样，CEO们对创意本能的热情狂热到了令人震惊的程度。如果没有这些努力，没有像他们一样在30岁时通过彻底的自我控制来管理创意本能，他们也是绝对不可能成为最高经营者的。年过三十后，到医院去检查身体的次数就会与日俱增，不过，不只是身体，自己的创意本能也要经常检查一下，其理由也在于此。

走出去，才有可能

　　靠创意力度过成功的一生的人，其实并不是天生就具有那种天赋的。人都是公平的。星巴克（Starbucks）的 CEO 霍华德·舒尔茨因为家庭环境并不好，曾经在纽约哈莱姆区布鲁克林过着艰苦的生活。上高等学校时，他曾经当过美式足球选手，因为家庭情况困难不得不放弃上大学，后来才以美式足球特长生的名义上了大学，毕业后进入以复印机而著名的施乐（Xerox）公司当推销员——而施乐（Xerox）一向以擅长员工培训而著称。

　　霍华德·舒尔茨进入施乐后一边接受系统的经商教育，一边开展营销工作，渐渐地他开始在实力与营销方面崭露头角。他比别人更快地成为了区域负责人，而持续不断上升的业绩使他的名字渐渐地家喻户晓。之后，欧洲的一家厨具公司在为了进军美国而寻找销售负责人的时候，接触到霍华德·舒尔茨并了解了他的能力，就将他引进公司，任命他为美国负责人。

　　霍华德成为厨具公司美国分社的负责人后，分析了每个地域的销售业绩，了解到有人在西雅图的咖啡屋购买了好几个紫砂产品的事情后，就去找到了这家咖啡屋。那个地方就是改变了他的命运的星巴克。当时的星巴克是一家混合咖啡豆来销售的店铺，同时还销售可以在家现磨咖啡豆的工具。霍华德在那里被咖啡的魅力深深地吸引住了。他抛弃了好好的公司副社长的职务，跳槽到在当时来说什么都算不上的星巴克。他跳进了一个巨大的咖啡海洋，而正是这个咖啡海洋造就了现在的他。

在星巴克工作的时候，霍华德有机会参加了在意大利举行的咖啡博览会。在从位于意大利的一个酒店前往咖啡博览会的途中，他看到街上的意式咖啡屋，受到了强烈的冲击。充满着温暖阳光的阳台，人们在阳台的遮阳伞下面悠闲地喝着咖啡聊天儿，那个场景给人的印象实在是太深刻了，他不知不觉地就走了进去。那个咖啡屋是在酒吧（Bar）风格的吧台上由招待（Barista）将顾客点的咖啡现场制作出来的地方。一杯现场制作出来的卡布奇诺咖啡足以刺激他的创意本能，那种味道与在美国的一般餐厅里喝过的、放置了很久的咖啡的味道截然不同，而且咖啡屋的风格也不一样。那天的经历成为了催发他想象力的引爆剂。

那天晚上一回到酒店，他就开始着手设计打造一个全新的咖啡文化梦。回到美国，他就立刻向星巴克的创始人说明了自己的全新咖啡屋。

"如果星巴克不只是卖质量上乘的咖啡豆，还能像意大利咖啡屋一样改变经营方式那就太好了。"

　　可是创始人的态度非常坚决。他坚持固有观念，只想一如既往地卖咖啡豆。但霍华德却一心想尝试理想的咖啡屋。他立即拟了一份事业计划书，开始寻找投资者。投资者们当场就决定给他投资，就这样开始了叫作"每日咖啡"的意式咖啡屋。霍华德·舒尔茨的"每日咖啡"生意兴隆，而固执于咖啡豆销售的星巴克则开始走下坡路。霍华德·舒尔茨重又说服了投资者们，获得了 280 万美元的追加投资，并用那些钱收购了星巴克。接下来他就开始将星巴克改变为自己梦想的意式咖啡屋。就这样，星巴克不但生产质量上乘的咖啡豆，同时也拥有了充满感性的咖啡文化，最终形成了今天的星巴克形态。霍华德·舒尔茨赤手空拳跳入咖啡海洋后过了 10 年，终于到达了他的咖啡新大陆。30 岁前后他在施乐培养了自己的创意本能，后来在厨具公司领悟到了充分活用它的方法。而在星巴克就职的时候，他又用在工作中培养起来的创意本能打拼出了一个世界上屈指可数的企业。

跳出思维的坑实例之二

运动与学习并行

运动会使身体变得更健康，但同时头脑也会变得更健康。哈佛大学的约翰·雷迪教授说："谁都知道运动会使心情变好的事实，但是没有几个人知道这到底是为什么。有人认为只不过是因为疲劳消失了，或者紧张的肌肉放松了，又或者内啡肽水平升高了。但事实上运动时之所以会感到心情愉快的真正原因是：因为运动使血液供给到大脑，从而使大脑达到最佳状态。"不得不说这是一个很有意思的研究结果，运动使肌肉发达、使心肺功能得到改善，但这些都只不过是附加产物而已。所以我经常会说："运动的真正目的是改善大脑结构。"

如果运动可以使头脑变聪明，那么运动员的头脑岂不是最聪明的吗？虽然运动对大脑有积极的影响是事实，但是过度的运动反而会使肌肉和脑细胞积累疲劳，对大脑活动没什么帮助。每次运动 30 分钟左右是最理想的，接下来马上开始学习，这样才能使大脑活动旺盛，也会有增殖脑细胞的效果。就像拌饭一样，每天都将运动与学习搅拌在一起努力，那么学习效率会提高，脑内突触连接也会更发达，最终达到强化创意本能的目的。

错误的饮酒文化也是个危害大脑运转的问题。为了用更低的成本制造更多的产品，就像运动员一样进行过度的生产活动，或者不停地重复熬夜加班，使员工们的疲劳感达到极限，然后公司再以消除这些疲劳为名义准备会餐。难得有一次会餐机会，员工们自然会过度饮酒，炮弹酒也就肯定会登场了。为了忘记痛苦的事情，就喝到什么都想不起来，但实际上这些只是在进行自我破坏。

3D 动画电影制作公司皮克斯动画工作室，简称皮克斯（Pixar）认为员工的创意力非常珍贵，于是在建造公司大楼的时候，就尽量设计成让员工们多运动的结构——将邮箱以及食堂设置在建筑物中央，使所有的员工每天都能数次移动一定的距离，并且在公司内设置了多种多样的体育设施，形成随时能运动的环境。另外公司内还有培训中心，让员工在工作以外能接受培训。3D动画电影需要结合尖端的技术与出众的感性，因此员工们要每周接受培训，所有职员每周都必须接受4小时以上的培训，而接受的教育也并非自己的专业领域，而是接受相反部门的培训。工程师会接受自己所缺乏的感性培训，而设计师也会接受他们所生疏的技术培训。

实际上在培训中心可以看到，从CEO到摄影员工的所有职员都会在同一个地方接受培训，并分享情报（信息）和知识。动画电影的巨人企业是华特·迪斯尼（迪斯尼公司创始人），但在3D动画方面，皮克斯绝对是佼佼者。《玩具总动员》、《虫虫危机》、《海底总动员》、《超人总动员》、《汽车总动员》等世界顶级3D动画名作都是皮克斯的产物。由此可以看出，只要提高组织的集团创意力，就能创造出连巨人企业也做不到的创意性作品。

서른법칙

第 2 章
冲破固有模式，让理性与感性并存才能成功

01 重视偶尔的感性

史蒂夫·乔布斯的复活

　　苹果公司（Apple）是世界上最具创意性与改革性的企业之一。但"苹果"也曾经差点儿就走向破产，而将危机中的"苹果"改变成今天世界上最强企业的人，就是史蒂夫·乔布斯。他虽然是"苹果"的创始人，但是因为他崇尚技术、自以为是，成为了被自己开创的公司逐出的风云人物。离开"苹果"后的10余年间，他又开了各种各样的公司一心想东山再起，而其中帮助史蒂夫·乔布斯再起的公司正是皮克斯（Pixar）。当时，皮克斯收购了卢卡斯电影，那是一家销售拍电影用的电脑器械和软件的公司。

　　有一天，3D动画专家约翰·拉赛特（John Lasseter）向史蒂夫·

乔布斯提出了新的想法。约翰曾作为动画专家在迪斯尼工作过，自从进入卢卡斯电影后，逐渐地掌握了电脑技术，成为了3D动画领域里的顶尖专家。1984年他曾以长达90秒钟的动画电影短片参展电脑图形展示会，而且其技术得到了普遍认可。如果史蒂夫·乔布斯接受约翰·拉赛特的这个提案，就意味着要支出数十万美元。但史蒂夫只是简单地问了一句：

"分镜头出来了吗？"

约翰做了一个关于分镜头的演示报告。史蒂夫看到后感受非常深刻，虽然当时公司的资金情况不是很好，但他却非常支持约翰的作品，甚至连自己的个人资金都投进去了。这之后诞生的作品——长达5分钟的3D动画《锡铁小兵》（*Tin Toy*）就成为了后来《玩具总动员》的原型。在与华特·迪斯尼共同制作的《玩具总动员》获得巨大成功以后，皮克斯就开始专心致力于3D动画电影制作。3D动画是由电脑图形和感性故事结合起来的，制作一部3D动画电影总共要画约6万张左右的分镜头，需要投入200名左右的专家，而且总耗时长达4~5年。这个时候，史蒂夫·乔布斯明白了只有将技术和艺术结合起来，才能创造出创意性的作品。史蒂夫·乔布斯回到苹果公司以后，开始将技术和艺术性的设计完美地结合起来，在PC和MP3播放器甚至手机等各个领域都获得了巨大的成功。

创造了相对论的爱因斯坦在开辟新的物理学领域时，对他影响最大的并不是心爱的妻子，也不是运动的畅快，而是沃尔夫冈·阿玛多伊斯·莫扎特的音乐。1902~1909年，爱因斯坦每周在瑞士专利局工作 6 天，但依然会将琐碎的时间挤出来勤奋地进行物理学研究。他生前曾高度评价莫扎特的音乐，甚至说过："如果说贝多芬创造了自己的音乐世界，那么莫扎特的音乐就是那种存在于广阔的宇宙中并等待着大家（Master）去发现的东西。"说来也是，爱因斯坦虽然在 26 岁时就将科学史的水平提高了一个阶段，但他初中时还是一个差等生，而莫扎特的奏鸣曲就是唯一能让他的灵感迸发出来的空间。

每当研究碰壁的时候，爱因斯坦都会用音乐来放松心情。对于爱因斯坦而言，莫扎特就是人生的意义所在。一个广播访谈节目主持人曾问爱因斯坦："博士，死亡对于您意味着什么？"爱因斯坦回答说："死亡意味着再不能听到莫扎特的音乐。"由此可见，莫扎特是对爱因斯坦的创意本能影响最大的人物。

偶尔切换到感性模式

听音乐会使心情平和或者兴奋的理由在于，音乐会对脑电波、呼吸、心脏、肌肉系统、体温、免疫系统产生影响，从而对记忆力和学习产生帮助。有报道称在上世纪 50 年代，耳鼻喉科的一位医生阿尔伯托·托马蒂斯（Albert Tomatis）有时会给患者们听莫扎特的音乐，让人震惊的是，这些听过莫扎特音乐的患者们的叙述能力以及听力竟然会逐渐得到恢复。

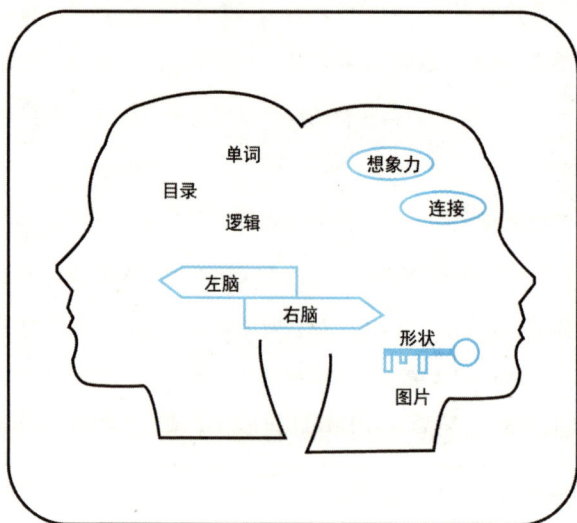

1993 年，加利福尼亚大学的弗朗西斯·劳舍尔（Frances Rausher）教授的团队为探究莫扎特音乐带来的学习效果，进行了更为深入的实验研究。劳舍尔教授以 36 名学生为对象进行实验，给他们听了 10 分钟的莫扎特钢琴奏鸣曲，然后让他们进行智商测试。发表的测试结果显示，学生们的成绩比听之前提高了约 8 个百分点，因此这次实验之后就有了"莫扎特效应（Mozart effect）"的说法。莫扎特的音乐不像其他音乐家的作品一样激昂或者计算性很强，而

是纯粹、透明，因此强烈地刺激着听者大脑中与创意力相关的部位。

古代希腊的哲学家希波克拉底曾说过："只有太阳下山了，才能看到夜晚的星星。"虽然星星一直待在原来的地方，但是有太阳在的时候，星星被阳光所掩盖。所以，要想看到"创意"这颗星星，就要等到太阳下山——这就是感性思考被逻辑性思考遮挡而发挥不出来的原因。针对解不开的问题只用逻辑性思考，一直纠结于理论，这对问题的解决是丝毫没有帮助的。这时正是需要转换一下思考的时候，也正是要将视线转移到感性世界的时候。

转换思考方式，用右脑来进行思维的方法有很多种。以下是一些简单的例子。

欣赏音乐 | 呆呆地望着窗外 | 洗澡或者擦身 | 独自登山 | 与人自由闲聊 | 空想 | 用最舒服的姿势冥想 | 睡觉 | 用舒服的姿势解除身体的紧张，使其弛缓放松 | 在自己的空间里看书 | 听可以使心情平和的音乐 | 画出脑海中的画面 | 自由地去旅行

跳出思维的坑实例之三

IDEODE 头脑风暴

　　美国规模最大的医疗机构之一的Kaiser Permanente 医院向产业设计公司 IDEO 委托了医院设施的设计。IDEO 同医院相关人员们一起亲身体验了监护人、医疗小组的角色，在此过程中找到了改善医院内部设施的构思。IDEO 的心理学家们指出了很多问题，包括患者们一进入气氛冷漠的大厅就失去方向感而不知所措，还有进入诊疗室以后也要以半裸的状态独自等候约 20 分钟左右，直到接受医生的诊察。

　　针对这些问题，他们打造出了醒目的信息显示器、宽敞明亮的大厅、可以和监护人及朋友们一起进去的诊疗室、将隐私保护到极致的帘子等。而且为了能让医疗小组在走廊上进行现场会议，还翻修了医院设施。

对此医院方面表示非常满意："IDEO 没让我们花费很多，就让我们可以像在购物商场一样舒适地提供医疗服务。"

产业设计公司 IDEO 能在各种各样的领域表现出创意性构思，这都归功于他们独特的头脑风暴方式（Brain Storming）。跟其他公司一样，IDEO 没有与众不同的工作守则或规律，只是在进行头脑风暴（Brain Storming）的时候，他们会很彻底地遵守几个原则。首先，头脑风暴时间以 1～1.5 小时为标准，而且因为在头脑风暴里比起质量他们更重视数量，所以在会议时间内会促生一百多个构思。为了防止构思中断而说不出口的情况出现，在队员们说出自己的构思时，大家并不在当场对其构思进行评价或者裁决。这样在提出之后再由其他队员们来将粗糙而又未被修饰的构思进行填充，并互相鼓励，最终将构思变成完美的形态。实际上，如果在会议过程中直接指出并评价队员们所拿出来的构思是否能实现，那么在这一瞬间队员们的创意力就会立即萎缩。而在 IDEO，即使你拿出在谁看来都说不通的构思时，大家也会大喊：
"真有意思！""真不错啊！"不惜给予称赞和鼓励。
而且主持人（Facilitator）会引导氛围使会议不偏
离主题，同时将迸发出来的构思写在白板或者墙面上
并标上相互关系，让队员们可以共享。就这样，构思
在视觉上变得具象化后就会发挥出协同效果，只是单
纯地让上级人员发表演说或者队员们按既定的顺序发
表意见，这些方式都不具有创意性。

让我们来回顾一下下面这七种 IDEO 的头脑风暴
原则：

1. 明确焦点：把注意力集中在顾客的要求或者
服务上，明确提出问题。

2. 拟订规则：拟订规则，如追求构思的数量、
激励异想天开的构思、将构思视觉化、推迟判断、一
次只讲一种等。

3. 给构思标上编号。

4. 构思的创造与提出停滞下来的时候，提议主

持人跳转到其他问题。

　　5. 为了记录构思，活用所有的空间。

　　6. 要有热身时间。

　　7. 活用全身：写生或者制作模型。

02 边走边思考

比尔·盖茨在漫步丛林的时候获得一切

现在全世界 90% 的电脑都使用着由比尔·盖茨开发的微软操作系统，他所想象的和提出的未来在不久的将来也将成为现实。而之所以这一切都变得可能，是因为他曾经拥有只属于自己的时间。比尔·盖茨经常在孤独的时间和空间中，猜想未来并制订新的计划。他每年都会在偏僻丛林中的别墅里待上一周的时间来进行思考，还会有两段时期蛰居美国西北部地区的小别墅。在这个"创意周（Idea Week）"的时间里，他会制订出决定微软未来以及数码世界走向的构思和策略。一位采访过他关于创意周的《华尔街日报》记者曾这样描述过："允许出入别墅的人只有准备简单用餐的管理员而已，比尔·盖茨就一个人住在两层楼的朴实别墅里，每天或漫步丛林，或荡舟湖面，边休息边进行思考。”到了晚上，他就阅读全世界微软公司员工们制作的报告书和构思提案，专心于制订新的构思与计划。而且他并不只是简单地读一读报告书而已，如果看中了某个内容，他会马上给制作报告书的职员发电子邮件，传达自己的意见并实时进行构思交换——在整理自己想法的同时也对员工们的创意性和构思进行关注。

贝多芬在完成《第五交响曲》以后，耳朵的旧病开始恶化从而丧失了听力。音乐家听不到声音就如同接到了死亡通知书，他也曾经因为身心极度疲惫，想过自杀，也写过遗书。最终，他决定离开城市，来到奥地利郊外的丛林中，投身于葱葱郁郁的树丛、美丽的花朵以及歌唱的鸟群之中。贝多芬尤其喜欢散步，自从耳聋以后，比起与人对话他更喜欢边散步边跟大自然对话。在这个地方，他每天的安排就是从早上到下午两点作曲，之后再散步直到晚上。偶尔大家都入睡了他也会去散步一下，他曾这样表达他在这段时间中的充实感：

“全能的上帝，我在丛林中真幸福。这里的树木都在向我传达您的话语。这个地方实在是太伟大了！”

青草的香气不仅治疗了他的忧郁症，而且在边走边想的同时，大脑内的突触活动变得更加旺盛，又重新点燃了他的创意本能。田园生活给了他新的灵感，让他戴着助听器完成了《田园交响曲》。
虽然在谱写《第七交响曲》的时候，他的耳朵已经是完全听不到的
状态，但还是顺利谱写到了《第九交响曲》。之所以这一切都变得
可能，就是因为丛林散步进一步强化了他的创意本能，如今，哈里
根斯托特那里还保存着贝多芬曾散步过的那条丛林小路。

重拾从自己身上掉下来的"金子"

"嗯，现在正在思考呢！"

这是我们经常说也经常听到的一句话。我们一直都生活在思考
的世界里，但重要的并不是思考，而是通过思考创造出一个构思。
整天只知道思考的人，一生都不可能得到认可。只知道思考的人，
同罗丹的雕塑并无两样。只懂得思考的人和可以思考出构思的人之
间的区别也正是如此。单单只是认真地想着什么东西，并不能称之
为思考，想和想出来是完全不同的两码事。

"我正为如何让这件事情获得成功而认真思考着呢！"

乍一听这句话确实十分悲壮，似乎成功已经近在咫尺了，但其实什么都没有完成，一切还只是单纯地停留在思考的阶段而已。更何况，如果真的很老实地陷入沉思，那么问题就严重了。这是因为，没有任何成就而过度陷入沉思的态度并无利处。我每天不管有多辛苦的演讲安排，都会徒步走上两小时以上。有些问题原来绞尽脑汁也想不出来，但边走边思考会使 5- 羟色胺活性化，这样就会大大增加突然想明白这些问题的可能性。

从办公室到家的路，我上、下班都会走上 20 分钟左右，中午也尽可能选择离公司有一定距离的饭馆，或者不管三七二十一，在走的路上随便找家饭馆。有时午餐之后，我也会去办公室附近的学校运动场走上 20 ～ 30 分钟左右。下班后，走路的习惯也不会中断，一般吃完晚饭，我都会换上舒适的鞋子在家的附近走一圈。但我并不是漫无目的地走。出去散步的时候，我一定会随身携带记录工具，这样就不会忘记在走路的过程中看到的新信息和蹦出来的新想法，能够及时地记录下来。有过经验的人应该知道，比起在书桌或者电脑面前思考，散步时所思考的东西中会有更多新颖而又前卫的想法。

行走虽然是最简单的运动之一，但其效果却非常显著。边跑边思考会很辛苦，但是走路就使身体上的负担减轻了很多，所以可以让身体和头脑一起运动。很多人认为行走只是一个无意识的运动而已，但其实每迈出一步都会有相当数量的信号通过神经从腿部的肌肉向大脑传达，因为在用两只脚走路的时候，大脑和腿之间会不停地进行复杂的信号交换。用眼睛看、靠摆动双臂保持平衡，用皮肤感受空气的温度、用鼻子闻，行走的时候你全身所有的感觉器官都在活跃地运转着。

大脑中分布着无数的毛细血管，大脑的正常工作需要血液运输大量氧气，心脏每次泵出的血液量中有 20% 是流到大脑的。运动会生产出细胞生长因子和血管生成因子，使大脑生成更多的新生毛细血管，有利于血管通路的扩张。随着血管增多，神经细胞生长因子的生成量自然也就逐渐增多。因此运动所产生的生长因子不仅可以使大脑更加发达，还可以阻止因慢性疲劳而导致的大脑损伤。而在活化细胞再生功能的同时，运动还可以提高 5- 羟色胺和多巴胺等神经递质的分泌。

5- 羟色胺（Serotonin）与情绪性或者感性行为、睡眠、记忆、调节食欲等有关，有使人的躯体和精神充满活力的作用。而且跟内啡肽带来的瞬间性和冲动性的喜悦感不同，5- 羟色胺带来的是情绪上的充实与满足，因此被称作"幸福激素"，另外因为它还能使头脑清醒，也被称作"创意激素"。

03 唤醒自我

最值钱的信息就在你的大脑里

"你到底是从哪里获得那些信息的？"

人们都认为信息就是获得的。但事实上，信息并不是获得的，而是想出来的。所以你应该问："你到底是怎么想出那些信息的？"信息在唤醒创意本能时会发挥重要作用，因为新事物的最初都是从信息开始的，而问题就在于"如何掌握信息"。

人们能通过网络掌握信息，但是泛滥于网络中的海量信息是否准确是个问题，而更大的问题还在于这是"从网络上发现的信息"。不管是谁只要一搜索就能找到的信息只能算得上是一般水准的普通信息而已，而真正的信息是指将那些可以通过搜索获得的普通信息组合起来，并"进行独创性分析后得来的"。只有在你的脑袋里才有可能对普通信息进行独创性分析，而要想进行独创性分析，首先就要具备"批判性观点"。这里所说的批判性观点并不是指否定所有事物、"只用挑剔的眼光去看不可能的事物"，而是指对所有事物进行"关注"。

没有孩子的人不可能知道世界上有多少个幼儿园，即使家门口就有幼儿园，对那些不关注这一点的人们而言，可能他们的大脑里也不会对家门口有幼儿园这一事实有什么印象。可是，一旦那个人结了婚有了孩子，情况就会大不相同。他不仅会对家门口的幼儿园了如指掌，而且还会对家附近所有的幼儿园有所了解，并会用批判性的视角去把握幼儿园的优、缺点，将孩子送到最好的幼儿园。如果这些进一步发展，他的脑海里就会站在顾客的立场上去想象真正被需要的幼儿园的样子，说不定还会直接亲自创建幼儿园。这就是对世界的关注之心的体现。有了关注之心就可以找出所有的一切，如果你不睁开眼睛看，这个世界只是一片黑暗而已。如果具备了这样的批判性观点，那么再普通不过的网络新闻报道，也有可能在你的大脑里跟各种其他信息组合起来变成具有全新观点的信息。

改变一生的小报道

比尔·盖茨虽然曾是据说只有书呆子才能毕业的哈佛大学的学生，但比起学习，他对电脑更感兴趣，所以每月都会购买充满新信息的电脑杂志来精读。据说，1978 年他在看电脑杂志的时候不经意间看到了一个新广告，而那个正是成就了现在的比尔·盖茨的契机。当时人们普遍使用的基本都是大型计算机，而他却在广告中看到说开发了微型计算机。比尔·盖茨在看到这则广告的瞬间，脑海里浮现出了新的想法。

"如果微型计算机这种硬件被开发出来了，到时不就需要装到里面的软件了吗？"

于是他决定尝试开发能使微型计算机运行更顺畅的软件。因为也有几个朋友对比尔的想法产生了共鸣，所以他果断地退了学，在西雅图的一个小房间里创立了微软。可以说，比尔·盖茨现在所获得的财富和名誉就是从 1978 年偶然读到的那个电脑杂志广告开始的。

　　《福布斯》2004 年评选出的东方首富是香港的李嘉诚。他 7 岁时从中国大陆来到香港，受尽了千辛万苦，一边自学英语和化学，一边从事塑料玩具制造业。有一天，他在看塑料相关杂志的时候，注意到一个意大利公司制造出塑料假花的报道，李嘉诚不管三七二十一立马就登上了飞往意大利的飞机。但是，意大利公司不会把技术教给这个第一次见面的陌生人。所以为了学习制作过程，他先以清洁员的身份在塑料假花公司找到了工作。掌握了一定的技术以后，他就买了原料回到香港，创立了叫作"长江塑料"的公司来制造塑料假花。因为中国人精巧的手艺与低廉的人工费，这种塑料假花很快就席卷了世界市场。由此可以看出，李嘉诚的成功也同样是从一本杂志开始的。

　　世界级发明大王爱迪生说过："发明和发现中没有什么运气和偶然！"他相信为了获得一定的成果，就要不断积蓄努力直到成功，要不断地往"精神的水库"填充更多的信息和想法。也就是说，要尽可能让精神的水库中流动更多的信息与事实、经验与空想，因为表面上看起来杂七杂八的要素如果互相冲突并结合起来，就会发展成为全然不同的新构思。爱迪生经常会把各种信息汇集起来，装填在自己的精神水库里。他特别喜欢读报纸，每天清晨都会阅读递送来的五种报纸，乐于比别人更早地接触到新消息。

　　报纸是每天提供新信息的"知识宝库"。肉体的成长需要食物，而精神要得到成长则需要每天汲取叫作"信息"的营养元素。

爱迪生通过看报纸、杂志或者观察社会，来了解社会所要求和需要的东西，并思考能满足它、适合它的构思。待在家里或者研究或者在大街上走动的时候，爱迪生总是用心去观察别人的行动或者对话内容。他经常能准确地记住报纸、杂志以及书本的内容。

他一看到信息，就会考虑如何能够活用这个信息，并用大脑记忆下来。这就好像脑袋里有个"信息书架"一样，他把信息有目的地进行整理并记忆。再琐碎的信息他都会思考它的意义，他不会心不在焉地听别人说话，总是以明确的意识进行缜密地分析。

进入网络信息时代以后，网络上有越来越多的新信息，但是报纸和杂志依然提供着有意义的信息和知识。网络能更有效地将你需要的信息从信息水库中寻找出来，但是报纸或杂志也有它们的优点，可以让你获得很多你所不知道的信息，并且强制你去看每一页所包含的信息。而且，杂志对时间性更为敏感，所以你能更及时地看到并分析某一特定领域趋势的信息。

看报纸的时候也要注意，只看某一种报纸会导致信息的歪曲。因为每家媒体各自的立场都有可能不一样，所以最好用主观的想法快速地去读日报、经济日报、专业报纸等各种报纸。如果想获得比这些更多的信息，就应该广泛地阅读时事杂志、经营杂志、专业杂志和外国杂志等，这些都会有所帮助。

改造自我最笨、最有效的办法

　　爱迪生在读初一的时候，笨得甚至都到了被老师指责为"无可救药"的程度。如果这是从朋友那里听到的也就罢了，但是从老师那里听到这种话，还能正常上学的孩子应该不会很多。于是爱迪生退学了，回到家里从母亲那里接受教育。但除此之外还有一件更最重要的事是，爱迪生家境困难，所以他一边帮着做农活，还一边在列车上卖报纸和饼干。

　　他在底特律市区的列车上卖完要卖的饼干、糖果、水果、报纸、杂志以后，下午大部分时间都会在图书馆里度过。在图书馆，爱迪生从书架最下面的书开始一本接一本地按顺序读。就这样一点儿一点儿累积，最后他把图书馆里所有的书全都读完了。爱迪生从小时候开始就累积读了1万本以上各种领域的书籍，所以他的脑袋里充满了统摄性的知识。之后爱迪生进行研究活动的时候，这些知识都在紧要关头发挥出了重要作用。爱迪生在自己的研究所里也放置了数万本书籍，一生都没有懈怠于读书。

　　科学家李时馨博士在74高龄写了一本叫作《拼命学习的人会

生存下来》的畅销书。尽管已经高龄，但他还能继续写作，这都是因为他一直保持着读书的习惯。因为事务繁忙，很难另外安排读书时间，他就选择了减少睡眠的方法，也就是每天清晨 4 点 30 分起床读两三个小时的书，接着再开始一天的工作。安哲洙博士也写过十余本书。在他的办公室里有 2000 本书，家里还有 1000 本，所以他一有空就会读书。他在青少年时期是个读书狂，把学校图书馆里的书全部都读完。有这样一句话："如果你是男人，就要读一推车的书。"所以首先，请你试着去读 1000 本书吧！当然，开始总会有些困难。但是，人类是习惯的动物。痛苦的瞬间只是暂时的，过不了多久你就会变成适合读书的体质，不知不觉间就会渴望书籍。等到读完了 1000 本书以后，你看世界的眼光就会变得不同，你可以清楚地感受到自己的大脑变得更加健康、更有智慧了。书籍是获得新知识与新信息的媒体，但同时也具有给脑细胞之树施肥的功效，只有通过书你才能感受到超越时代与国家的知识与感动。据说，英国的维多利亚女王曾给大臣们放了"莎士比亚休假"，每三年一次、长达一个月左右的这个休假就是为了让大臣们自由地生活，同时让他们读书，进行知识充电。

跳出思维的坑实例之四

会集各领域人才，进行全脑思考

　　大脑学家赫尔曼（N. Herman）通过研究发现了将大脑分成4个部分的"大脑显性模型"。他注意到，不仅是大脑皮质，包括左右大脑的边缘系统都是由胼胝体连接起来的。他在著作《创意性大脑》（*The Creative Brain*）中将大脑区域分为左侧大脑皮质、左侧大脑边缘系统、右侧大脑皮质以及右侧大脑边缘系统。而且将它们分别称作A象限、B象限、C象限以及D象限。赫尔曼说这4个区域各自掌管着独有的特性。

　　A象限大脑的特性是实际性、分析性、定量性、技术性、逻辑性、理性以及批判性。用这种方式思考的人是研究性、权威性的，而且是成就指向性，以成果为主的。

　　B 象限大脑的特性是顺序性、计划性、保守性以及构造性，而且有仔细、一如既往的特性。进行符合这些特性思考的人虽然表现出传统性、官僚性的样子，但是会给人们信赖感。

大脑皮质

逻辑性　　　感性
分析性　　　人道性
批评性　　　相关性
现实性　　　表现性
理性的自我　感性的自我

A　　　　　C

B　　　　　D

保护性自我　实验性自我
计划性　　　想象性
顺序性　　　创意性
实践性　　　冒险性
稳定性　　　冲动性

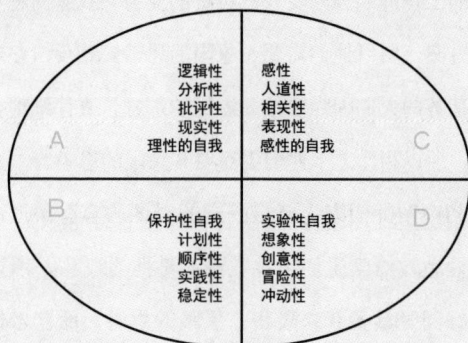

大脑边缘系统

左脑　　　　右脑

　　C 象限大脑的特性是感性以及人类指向性。用这种方式思考的人是人道性以及协助性的，而且是感受指向性的，重视精神价值。

D象限大脑的思考特性是视觉性、总体性、革新性、隐喻性、创意性以及直观性。用这种方式思考的人想象力丰富、泰然自若、开朗并具有探险精神，而且是未来指向性的，非常独立。

根据从事职业的不同，大脑显性模型会表现出差异。工厂的工程师们因为要分析负责的业务并找到问题点来改善方案，所以他们需要A象限的思考。相反，在现场执行杂务的人们因为要按训练过的那样认真仔细地执行作业，所以相比之下他们更需要B象限的思考。

初中教师们因为要将既定的授课内容有条理地、系统性地教给学生们，并要细心地照看学生，所以他们最好同时具备B象限和C象限的思考。而艺术作业需要不拘一格地进行思考的想象力与创意力，所以更适合具有D象限思考的人。

而需要所有象限的思考、要求进行全脑思考的职业就是企业的经营者。但是，不可能每个经营者都具备所有这些思考方式。所以退一步，为了解决创意性问题，有时也会利用多功能团队（Cross

Functional Team）。如果将各种功能的人们聚集在一起进行头脑风暴，就可以从具有各自象限功能的头脑中迸发出多种多样的构思，然后将其汇集在一起就可以进行全脑思考了。

在现代社会，因为爆炸性的知识扩张，单独的一个人很难获得各个领域中瞬息万变的全部知识与信息。这就是为什么技术、企划、营销以及管理等领域的人们要聚集起来，为了解决同一个问题，拿出各自的构思并进行讨论，只有这样才可能找出之前从未想到过的新的解决方案。

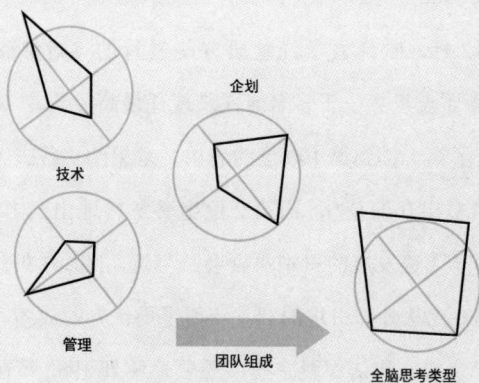

技术

企划

管理

团队组成

全脑思考类型

04 我们的第二个头脑——记录

世界第一的 CEO 是个记录狂

2009 年 12 月，哈佛大学经营研究院发行的《哈佛商业回顾（HBR）》调查了全世界一千多名前任及现任最高经营者（CEO）的实绩后，发表了第 1 位到第 100 位的名单。苹果的史蒂夫·乔布斯被评选为业绩最出众的 CEO，而第 2 位出乎意料地由在 1996~2008 年引领三星电子飞速发展的尹宗勇副会长当选。HBR 称在公司内部成长起来的 CEO 比从外部引进的 CEO 获得了更优异的成绩，而其代表人物就是尹宗勇。我认识尹宗勇，还要追溯到 1982 年在三星电子计算机事业部上班的时候。当时因为计算机事业的发展停滞不前，所以就由企划力出众的尹宗勇理事接任了事业部长的职务。虽然他是家电领域的专家，但是一直都负责开辟新事业的工作并获得了突出的成果。

上任后第一次干部会议时，他拿着一个笔记本过来对我问这问那，并不停地记着什么东西。第二次会议的时候也是一样。接下来过了几天，到了检查会议内容是否顺利进行的时候，所有的参会者都不记得上一次讲了什么而呆呆地坐着，这时尹宗勇理事拿出了手册读起了到现在为止记下的东西，并一个一个细心地检查实行与否。

尹宗勇上任两三周以后，他对我说："教我电脑吧！"理由就是因为不知道计算机专业术语，很难把握业务。于是，之后我每天早上都提前 30 分钟上班，给尹宗勇做计算机特别辅导。又过了两三周，他说："现在我大概知道了，你就将这些内容编成小册子，培训那些管理人员吧，让他们也知道。"一个电脑门外汉在上任不到一个月时，就这样通过阅读计算机相关书籍并拼命学习，几乎达到了专家级水平。而且他还是一个有名的记录狂，一个月就能用超过两个笔记本，到后来就干脆把两本绑在一起随身带着进行记录。

我曾这样问过他："您记录这么多，那 1 年到底能用多少个笔记本啊？"

"用数十本吧。家里有好几箱之前的笔记本呢！"

尹宗勇用记录进行自我启发，将一个个新挑战全都引向了成功。他的创意本能非常出众，因为他的上任，让原来停滞不前的计算机事业找到了活路。就这样，他不停地升职，直到成为研究所所长。之后，他又用同样的方法学习了通信事业、半导体事业，通过扩张

最终成为了三星电子的社长。在他进入公司的时候，三星电子还是
一个连黑白电视机都不能好好生产出来的企业，但现在却成为了世
界第一的家电公司。当然三星电子并未止步于此，在通信事业、半
导体事业以及 IT 事业也都获得了巨大成功。虽然尹宗勇现在从一
线退了下来，但是他仍然被评价为最佳 CEO，因为正是他在 1966 年
以新员工身份进入三星电子后，才引领三星电子走向了世界一流的
企业。

用记录获取成功，或者开创历史

我们为了找到灵感来进行新的构思，经常会看报纸或杂志，然
而在这里最重要的却是记录和剪贴的习惯。有时你即使发现一些东
西让你情不自禁地发出"就是这个"的惊叹，但如果你没有抓住时
机记录或者剪贴，那么大多时候它都会消失得无影无踪。此外在走
路或者乘地铁的时候也会突然间浮现出好想法，但是如果没有立刻
记下来，就很容易把它忘掉。不管用什么方法都不错过瞬间浮现出
来的构思，把它记录下来，这种态度是百利而无一弊的好习惯。

爱迪生从小时候开始就是一个记录狂，日记本几乎从不离手。
他留下来的笔记和日记数量庞大，有 500 万页之多。美国政府从

1978 年开始在罗格斯大学将爱迪生的日记和笔记进行整理、分类、
分析，而位于新泽西州的爱迪生历史博物馆的研究员们也在为找出
爱迪生所记录下的笔记的意义而努力。这个项目直到现在还如火如
荼地进行着，但是预计在 2015 年之前是很难完成的。这充分说明
了爱迪生的日记量有多么庞大。爱迪生开始系统性地记录自己的想
法和研究内容是从 1870 年 10 月开始的，还在自己日记本的开头写
了"从现在开始要把关于新发明的一切记录下来"的话。因为这样
的习惯，爱迪生所有的记录都被留了下来，所以他连在什么时候想
出了什么点子、什么时候提出了专利等都能知道得一清二楚。后来，
这些日记本在被提起专利诉讼的时候，也成为了决定性资料。每当
要上法庭的时候，爱迪生都会说："日记本才是我一生的恩人。"

之所以爱迪生能不断地想出创意性的构思，使得多达 1 万名研
究人员们投身于对他的研究活动，其原动力都在于爱迪生的日记本。
爱迪生的日记本并不是单纯地记录一天的事情，而是一本记录关于
发明的所有信息和构思的"点子日记本"。他记录东西没有特定的
形式，只要想出点子就会在白纸上写下来，绘图和设计模型也被画
在这个日记本上，包括可以实际实施构思的技术性想法也都记了下
来。在将自己每天研究的内容记下来的同时，他也把失败的事例记
了下来，甚至产品的开发过程和生产过程都有详尽的记录，让研究
人员们在进行开发工作的时候可以随时参考。

只要看爱迪生的"点子日记本"，就可以对爱迪生想了什么、
为了将构思变成一个产品经历了多少实验失败、利用了什么技术等

一目了然。爱迪生并没有满足于只想出点子，而是将它与发明连接起来变成产品，他非常重视这种"构思的流动性"。"构思的连接方式"可以让一个构思发展为发明，它让你一眼就能看见别人的想法，让大家共有各种各样的想法。爱迪生将自己拥有的信息和想法记录在日记本上，努力使自己不忘记，还随时对各种构思的项状况进行检查。他将自己的点子日记本放在研究所里，让研究人员们可以随时去翻阅它。爱迪生在点子日记本上写了什么东西，研究人员们就会去进行研究和实验，找出能具体实现这一发明构思的方法。也就是说，这个日记本在爱迪生和研究人员们之间形成了一个链条，使他们能够相互共有信息和技术。爱迪生还在研究所的每个房间都贴上发明项目的主要内容和进行事项，不时地去调整其过程。就是通过"点了日记本"和"构思关联"的方式，爱迪生才能与 1 万名研究人员们一起取得超过 1000 项的发明专利。

和爱迪生一样通过记录来唤醒创意本能的人还有 150 年前发表进化论的查尔斯·达尔文。时至今日，进化论不仅对科学，而且对生活、经济等都产生着深远的影响。1831 年，达尔文 22 岁，这年他听从自己大学教授汉斯罗的劝说，以博物学家的身份登上了海军考察船"小猎犬"号，因为要冒死进行长达 3 年的航海，所以大多数学者都很忌讳上这艘船，但是对生物充满好奇心的新手达尔文却怀着兴奋的心情上了船。

他带着观察和记录所需的道具和笔记本，环游南美洲和澳洲，进行了长达 5 年的航海。他每去一个地方都会采集生物样本，仔细记录生态环境和习性然后送往英国。以达尔文的样本和笔记本为基础，汉斯罗教授和生物学家们一起制作了新的生物图鉴。在加拉帕格斯群岛，他观察并记录了珍珠鸟的模样和习性，并带着 17 只珍珠鸟回到了英国。起初学者们并不知道珍珠鸟之间的不同点，但随后就发现根据采集的岛屿位置不同，珍珠鸟的嘴形各有千秋。从异国大陆带回的那 17 只珍珠鸟，成为了让他们了解生物会随环境特性的不同而进化的重要线索。珍珠鸟嘴巴的进化成为了进化论的基础，而这都是因为达尔文彻底的记录习惯才变得可能。之后，达尔文每天都会给全世界的生物学家写三四十封信，收集在世界各地进行着的进化实例。等他航海归来之后，便以航海时记录的笔记为背景，花了 25 年的时间研究进化论，最终出版了人类历史上不朽的著作——《物种起源》。

这样你就不会再错过

　　日本人即使处于飞机坠落的危急状况下，也会对此进行记录并把笔记留存下来，并以此著称。而就是这种小习惯让日本人的竞争力变得极为突出。韩国人到了国外起初会陷入苦战，但最后则会以特有的诚实取得惊人的成就。可是当自己的任期结束要进行交接的时候，他们对接班人说的话就只有一句："试试看，努力干，什么都能成功！"就这一句，交接工作就结束了。但日本人却不一样。他们会把记录着自己所经历的一切相关文件传给接班人。前一任会将记录着自己见过的客户穿什么衣服、什么时候在什么样的饭店见了面、说了什么、对方关心什么事情、给对方送了什么礼物等的零碎记录文档传给接班人，韩国人则经常说"车到山前必有路"这种话。到底谁更有竞争力已经是一目了然的了。用努力来弥补较弱的竞争力终究是有限的，这种方法既无效率又浪费时间，所以做事就不应该直直地往地上撞，而是应该往白纸上记录。

　　日本创意性研究所的高粱诚先生曾针对创意性出众的人们，调查过"哪里是最容易想出点子的地方"。据研究结果显示，这些人认为最容易想出点子的地方是"睡在床上的时候"，接下来的就是"一个人走路的时候"和"乘坐公交车或者坐地铁的时候"。具体数据是：床上 52%、走路的时候 46%、公交车或者地铁 45%、家里的书桌 32%、职场的书桌 21%、咖啡屋或者饭店 21%、澡堂 18%、洗手间 11%、坐在室外 10%、会议室 7%、图书馆 8% 以及其他 5%。从结果来看，得票数最高的"睡在床上的时候"和"一个人走路的时候"并不是我们可以方便记录或者标记什么的状况，也正因此，记录就显得更加重要了。要想在新的想法浮现出来的时候能够及时进行记录，只能在平时就一直准备着。如果将人类大脑的存储器比作半导体，那么记忆无非就如同挥发性的存储器一样。因为人类记忆什么东西的能力是瞬间性的，如果不在当场将想起来的东西写下来，很多时候到后来连自己到底想过什么都会记不起来。而谈到记录，在纸上记录则比在电脑里输入更有用。

更多的情况下，新想法是在睡觉或者移动的时候浮现出来的，也就是躺在床上或者刚从睡梦中醒过来的时候。我有一次也是没有及时将浮现出来的想法记下来，结果到了第二天就完全忘记了。因为那次经历，之后我总是在床边准备好可以进行记录的工具后才会入睡。笔记本最好是没有画线的白纸，因为你不仅需要写东西，有些时候也会遇上要用图画进行描绘的状况。有时在澡堂里也会突然想起新构思，这时我就会立马擦干身上的水跑出来，把它记录下来后再回到澡堂里。虽然这种事情只是偶尔发生，但即使你只是记录下一个单词，它也能成为构思的种子，可以培育成为一个新的构思。刚开始你可以把目标设定为一个月记录一本左右，这是个不错的选择。虽然有些时候会觉得不知道记录什么才好，那么首先你就将能想起来的东西自由地写下来，用这种方式逐渐培养记录的习惯。如果你能坚持这种方法，慢慢地你就能感受到自己身体里逐渐成长起来的创意本能。

05 另类学习才是生存的准则

要当乌龟而不是兔子

　　2009 年的诺贝尔化学奖授予了在以色列一个小研究所工作的 70 岁老奶奶，阿达·尤纳斯。据记载，她是包括爱因斯坦在内的、第 79 个获得诺贝尔奖的犹太人。散居于全世界的犹太人只有 2000 万，但获得诺贝尔奖的人数却占了获奖总人数的 22%。犹太人生活在一片无法种田的贫瘠土地上，所以很多人都倾向选择学者、医生、律师等职业，想通过一生的学习来获得成就，非常重视学习。对于我们来说，初、高中的时候好好学习，上了名牌大学并就职于一流企业以后，大部分人都不会再去学习了。名牌大学毕业而又在一流企业上班，这种自满会促成人们忽视学习的坏习惯。在如今这样快节奏的世界里，只要过 3 年，在学校所受教育的 30% 就会变得没有任何用途，而过了 5 年，这个比例就会变成 80% 左右。不管以多优异的成绩进入公司，只要入职 4~5 年，大部分自己曾经熟悉的东西都将变成没有任何意义的无用之物。所以，停止学习就等于选择退步。

特别是如果人在就职的时候没有选择和自己的专业领域相关的工作，就会产生强烈的固定观念，认为"如果是这样，那为什么还要学习呢"？其实这是一种极其错误的思考方式。即使一开始就参加跟自身专业一致的工作，也有可能随着时间的推移不知不觉地被安排到完全不同的职位上去。这时，你不应该因为职位与自己的专业不同而感到不满，而更需要用一种积极的学习态度，把它想成一个可以学到新东西的好机会。

上大学也是同样的。有可能你选择了自己喜欢的学科，但同时也有可能因为分数而选择了特定的学科。这种时候其实也没有必要担心。在职场上，如果你是个实务人员，那么你所做的工作跟自己的专业还是会有所相关的，但如果成为了管理人员，那么就会被循环安排在从技术到营销的各个领域，所以更需要统摄性的知识。至少在现在的韩国，学科专业并没有太大的意义已是一个不争的事实。

最重要的问题并非是学科或者学校，而是进入公司以后的事情。即使毕业于最好的大学，有些人仍然难以在职场中游刃有余，相反也有很多从地方大学毕业后就职于中小企业的人，却能步步为营，最终被提拔进入大企业或者成长为一个获得众人认可的职员。所以，这里的根本问题还是在于学习。

在职场上获得认可的人们，大多都会积极参加公司内部的教育计划，抽空利用网络上的在线培训进行计划性的学习。他们学习那些跟自己的业务相关的、世界最高水平的知识，所以他们的业绩自然也会越来越好。他们在实务性学习上尝到甜头，所以有时还会边上班边去特殊研究生院[1]进修。最近普遍都盛行在夜间或者周末上课，而不再是经营研究生院[2]的形式，所以两年后就可以拿到经营学硕士（MBA）学位。相反，一个毕业于名牌大学继而参加工作的人，虽然在30岁之前会像兔子一样远远地抛下乌龟向着顶峰奔跑，但是也有不少人会找到职场的树荫，躲在下面睡着知识的午觉。在学校学到的东西只不过是基础，而并非是将来会用到的一切。30岁以后在职场中学到的东西，才能算得上是真正的学习。

想升职，就先成为"学习之神"吧！

IMF外汇危机之后，大部分企业都在策划改变，但其中经历变

---

[1]　特殊研究生院：韩国大学院的分支，包括行政、艺术表演等专业，学期一般为 2.5~3 年。
[2]　经营研究生院：指专门学习经营以及贸易等方面的研究生院。

化最多的还是金融机构。在过去，银行只是一个业务窗口中心，所以银行职员所需要的能力也不过就是计算算得准、数钱数得快而已，没什么别的了。可是现在的银行不再跟以前一样只进行借贷业务，转而进入寻访 VIP 客户进行销售的私人银行（Private Banking，简称 PB）时代了。在位于首尔的城市银行的 PB 培训所中，成员大部分都是 30 岁左右的代理或科长。这些人大部分都具有金融领域的资格证，而且有的还拥有国际金融资格证。国内资格证只要稍加学习就能获得，但是国际金融资格证需要英语能力，而且获得证书也并非那么容易。尤其是对于过了 40 岁的银行职员而言，要想获得国际金融资格证可谓是难上加难。如果你到地方银行的 PB 培训所去看一下，就会发现跟首尔的银行情况十分不同，培训生的年龄主要都在 40 岁左右。他们大部分都是在地方银行里工作了 20 年左右的资深科长或者副科长，但其中拥有国际金融资格证的却是少数。他们分析后认为，年龄一过 40 岁，不仅会忘掉学习的方法，而且很难掌握瞬息万变的国际金融知识，所以拿到国际金融资格证这件事情就几乎变得不可能了。

所以，如果不在 30 岁之前重新培养学习的习惯，最后就只能在竞争中被挤出去。韩国企业不只是要跟国内的企业竞争，还要与世界一流企业竞争，单凭过去的知识是不可能在竞争中获得胜利的。如果企业的水平提高，那么企业成员的知识水平也会有相应的提高。现如今的时代，对任何一个企业来说，不创造出新东西就都活不下来。现实中，不管处于哪一领域，只要想不出创意性的构思你就会落伍。而要想创造出别人想不出来的新东西、用至今谁都没有试过的新方法去改革业务，就必须去学习。因为很明显，"如果我们不去尝试新事物，那么别人就会去尝试"。

在三星、LG、乐天等韩国国内的大企业中，如果要想升职，你就必须通过包括外语、信息化资格考试、战略经营等在内的各种考试。要想通过这些考试，就不得不学习。也就是说，不学习就升不了职，生存也就变得不可能了。不知道是不是因为这种危机意识，很多职场人都在不停地学习着。如果你去大型书店看一下，就会发现畅销书书架上总是陈列着很多关于职场人学习方法的书籍。

《拼命学习的人会生存下来》、《想活下来就要学习》、《为学习而疯狂的30岁》、《要趁早为学习而疯狂》、《1日30分》等——如果你是职场人，那么你的选择就只有一个，就是通过学习来拥有真正的实力。

跳出思维的坑实例之五

鲇鱼效应

三星的创始人李炳哲曾用鲇鱼教育年幼子女们的逸事，可以说是家喻户晓。过去在农村，插完稻秧以后人们就会在稻田里放泥鳅。整个夏天，这些泥鳅都会抓害虫来吃，所以害虫自然就会减少很多，而到了秋天的时候，就可以抓这些泥鳅来做泥鳅汤。李炳哲做了一个实验：在一边水田里只放泥鳅，在另外一边水田里把泥鳅和鲇鱼一起放进去。然后他说："到了秋天，我们看看放了鲇鱼的水田和只放了泥鳅的水田中，哪个水田的泥鳅长得更结实。"

到了秋天，比较了一下从两边水田中抓来的泥鳅，结果发现放了鲇鱼的水田里的泥鳅肉肥个儿大，比不放鲇鱼的要结实多了。放了鲇鱼的水田中的泥鳅为了不被天敌鲇鱼吃掉，就会不停地逃跑，运动量也就自然增多，于是更旺盛地去摄取食物，也就变得更结实了。换句话说，正是鲇鱼成了使泥鳅的活动更加旺盛的催化剂。后来李健熙又将父亲的"鲇鱼论"套用在了三星的人才管理上。在李炳哲会长时代，三星的人才管理有个潜规则，就是都在公司内部培养人才，即使能力再突出也不会聘用外部人员。但是李健熙却将父亲保持下来的潜规则打破了。如果想将半导体事业做大，就要开发新技术，然而单凭三星内部的人力却非常有限。所以，他认为应该从外部引进世界最高水平的天才们，因此就推出了天才论。他的主张就是"一个天才可以养活 10 万人"。他强调如果是天才级的人才，就要破格给予特殊的优待，社长要亲自走遍全世界去请他们过来。不光是半导体，为了在所有领域引进世界最高水平的天才级人员，他不仅提出了破格性的条件，而且总是会对新引进的人才们给予特别照顾，让他们能发挥实力，开发新技术。

　　不管是多么具有天赋的人才，都不可能一个人单干，只有让他们跟原来的员工们一起组成团队，才能快马加鞭地进行新技术的开发。这样做之后，就出现了跟只有集团内部人员一起开发技术的时候截然不同的结果。因为外部人才已经掌握了世界最高水平的技术，所以就可以超越已经开发出来的技术而向新的技术发起挑战，而且之前以内部人力无法解决的问题也都找到了解决的办法。在外部人才到来之前无论如何都解决不了的问题，现在一个接一个地迎刃而解，原来的员工自然会感到恐慌。因为如果开发不出新技术，就很有可能从开发组被淘汰出来，所以他们必须打起万分精神，开始更认真地学习，专注于新的构思。结果，卓越的外部人才成为了"创意性的鲇鱼"，刺激着原来的技术人力，使全公司职员的技术都提高了一个层次。就这样，在与天才较量的过程中，普通人也都变成了拥有天才水平的人才。

06 给自己跳出来的时间和空间

享受自我的时空

创意需要能够享受孤独的时间和空间。在一个不受任何干扰而可以独自静静思考的时空中，你能想出平时完全想不到的新点子。在中世纪的欧洲，也有过被称作圣所（Sanctuary）的不会被权力所触及的地方，这个地方有很多罪犯和烦恼不堪的人。为什么当时需要这种场所呢？人类一生下来就要在法律和规则中生活，可是偶尔也需要在没有法律和秩序的地方待一阵子，给自己一些独自思考的时间。但是，也有一些人畏惧独自做事情。他们无法忍受自己一个人被留下来，更何况还不是为了享乐，而是为了工作被独自留下来，这对他们来说是无法想象的事情。

　　这种时候，你就一个人坐下来闭上眼睛，让时间静静地从身边
流逝吧！然后，再一点儿一点儿地增加独处的时间。你需要每天重
复这种行动，这是很重要的。每天都花一定的时间，去你的精神世
界里彷徨吧！刚开始，你肯定什么都不会想起来，但随着这种行为
不断地重复，某种目标或者单词会渐渐地浮现出来，新的想法会在
你的脑海里诞生。

　　要成为创意性的人，你就无法避免短暂的孤独。这就好像是一
种宿命。你准备好享受"创意的孤独时间"了吗？那么去建造一个
不受任何人干扰的、属于你自己的圣所吧！不论它在哪里都可以，
附近的咖啡屋、公园、酒吧都可以。只要是能独自思考的空间，什
么地方都无所谓，让你脑海中的新想法在那个地方涌现出来吧！

让思维在"孤独"中绽放

　　《哈里·波特》的作者 J. K. 罗琳出生于英国的一个乡村。她
从小就敢于大胆幻想，所以她总是把"让我们想象一下'我们成为
×××了'"之类的话挂在嘴边。因此，虽然她只是一个穷困而又
平凡的少女，但是在想象的世界里，她却能时而变身为某个国家的
美丽公主，时而又能变成魔法师自由地在天空中飞翔。她的这种想

象在上课的时候也会继续，所以她经常呆呆地坐在那里，然后被老师教训一通。这种习惯直到她长大成人也没有改变。一旦开始想象，她就会全神贯注，以至于不管电话铃响得多大都感觉不到，所以也曾被好不容易应聘成功的公司解雇。

之后她也没有找到合适的工作，一个贫穷的离婚妇女就这样带着一个四个月大的女儿，仅仅靠着政府补助金维持生计。因为没有足够的钱去买牛奶，所以她只能给女儿喂兑了水的牛奶。生活在绝望之中，有时她甚至会有自杀的冲动。

直到有一天，罗琳想到不能把贫困留给年幼的女儿，就下决心用自己最喜欢做的事情来赚钱——那就是用笔把自己的想象力展示出来。她每天都会去自己常去的尼克尔森咖啡屋，坐在同一个位置写东西。人们一般都认为咖啡屋是适合闲聊或者约会的场所，但她却将咖啡屋当作能写出轰动世界的作品的地方。后来，随着被流传为产出《哈里·波特》的故乡，那个位于尼克尔森咖啡屋她曾坐过的位置就成为了旅游景点。她坐在自己的指定位置写出来的文章足足有 8 万个单词。因为没有复印的钱，她只好把稿件一个字一个字地打印出来送到出版社，然而刚开始她的《哈里·波特与魔法石》却被断然拒绝了。那些出版社都认为魔法师的故事太幼稚，这种故事根本不会有人喜欢，便以这个理由拒绝出版。可是，她却不屈不挠地找到别的出版社，一遍又一遍地将稿件寄出去。在漫长的等待之后，她终于等到了一个电话，接着就跟一家叫作克里斯多夫·里特（Christopher little）的代理商签订了独家合同。1997 年，《哈里·波特与魔法石》终于被布卢姆茨伯里（Bloomsbury）出版社推出面世，直至今日，这一系列已经在115个国家被翻译成46种语言，总计卖出了1.4亿本。

对任何人来说，拥有属于自己的空间和时间都是很重要的。人们常说："学习要在图书馆学，看书要在书桌上看。"然而，J. K. 罗琳从小就不挑时间和场所，就在属于自己的时间里展开想象的翅膀。随着不断的积累，她的想象力变得越来越强，直到她发现了叫作"尼克尔森"的咖啡屋后，就利用这个属于她的创作空间，最终创作出了轰动全世界的《哈里·波特》系列。

利用周六来一次彻底的变身

身在职场，人们总是因为繁重的业务，不得不像被追赶似的一直工作。平日里都是早出晚归，所以很多职场人都期盼着星期六快些到来，希望能好好休息一下。可是真的到了周末，有的职场人就会像死人一样整天睡觉，也有些人整个周末都在喝酒或者用非生产性活动来消耗时间。可是随着一周5天工作制的普及化，越来越多的人将星期六用来进行自我启发和创意性工作。平时因为没有时间，很多人未能做自己想做的事情，于是他们就将星期六利用起来，让它变得更有价值。他们有时做自己想做的事情，有时也会找个学院学习技术，越来越多的经营研究生院也选择在星期六上课，吸引那些想拿到硕士学位的职场人前来学习。

我也非常享受星期六，当然都是一边写文章一边享受着。对我来说，星期六是最适合写文章的时间。平时要见顾客、讲课，在全国各地到处跑，所以很难挤出时间来执笔。所以，平时我就为写文章找找资料，并且一个接一个地进行剪贴，然后到了星期六就去办公室集中精力写文章。一年中有 350 天我会前往办公室上班，星期六或者星期天也会在早上 7 点到办公室去写文章。星期六、日的时候，没有从外部打来的电话，也不用出去见顾客，所以可以从头脑清醒的早上 7 点开始就坐在书桌前，用平静的心态去写文章。写文章时如果有需要的信息，还可以去网上搜索或者翻出合适的书来找资料。

我写文章并不是用键盘来写，而是用铅笔在雪白的纸上书写。望着干干净净、雪白光洁的纸，我会不由自主地感觉到无穷的可能性，经常会浮现出新的想法。而铅笔的好处就在于，你能在觉得不对劲儿的时候随时不留痕迹地擦掉并重新开始；白纸则可以在写完一张，你又觉得不满意的时候，"哧"的一声撕开它，这时手指尖触到的感觉也是非常棒的。平日我写 10 张稿纸也觉得很困难，但是如果星期六从 7 点开始集中精力写到 12 点，就可以写出 50 张左右。当然，一个字一个字地往白纸上写，有时也会觉得很没意思，每当这种时候，我就会想起莫扎特和贝多芬。莫扎特在 35 年的短暂生涯中谱写出了超过 600 首曲子，贝多芬则在耳朵听不见的状态下谱写了合唱交响曲。这时我就会边放他们的音乐边写文章。

　　如果你想进行创意性的工作，就要拥有只属于自己的时间和场所——我把这个称作"孤独的技巧"。每周星期六，就用这个孤独的技巧来进行创意性的工作吧！既然想做一些新的工作，那么有一些东西当然就要毫不留恋地抛弃掉。

07 让理性与感性并存

尝试去创造

　　2002 年 KBS 电视台播出的《冬季恋歌》以年轻恋人们的动人爱情为主题，受到了广大电视观众的欢迎。而男主角裴勇俊通过这部电视剧获得了感性男人的形象，同时这部电视剧也在日本 NHK 电视台播出，并获得了极高的人气。在日本中年女性当中，裴勇俊的人气可以说是爆炸性的，所以他也获得了"勇王子"这个爱称。而裴勇俊之所以能够在日本女性中获得人气，是因为他是个知道为所爱的女人流泪的感性男人。实际上，艺人们有很多都是右脑型，所以大部分都是偏于感性的。有感性倾向的艺人大都会终生从事演艺事业，但是裴勇俊却有所不同。他不只是个艺人，还变身为企业家，经营自己的娱乐公司。

要想经营一个企业，就需要逻辑思考与感性思考的结合。光靠感性来解决交织着错综复杂的利害关系的经济问题，是很难取得成功的。裴勇俊在 2008 年出版了一本自己写的书，我认为他就是为了培养事业上所需的逻辑思考而去挑战写作的工作。要想著书，不仅得有能使读者心灵产生共鸣的感性，更需要足够的逻辑能力。因为要想写出 200~300 页左右的单行本稿件，只凭以感性为主的几个插曲是远远不够的。

为了把韩国不为外人所熟悉的美展现给日本人，裴勇俊策划了一本叫作《寻找韩国之美的旅行》的书。接下来，他花了一年时间游遍了韩国各地，发掘韩国鲜为人知的景点、文化遗产、自然、饮食、茶等。而为了能见到名胜名人，他跑遍了全国进行亲身体验，还用随身携带的照相机，把亲身体验到的韩国美景拍摄下来。就这样过了一年的时间，裴勇俊从自己在这一年中拍下的数千张照片中挑出满意的作品，同时进行写作，最终完成了这本书。

《寻找韩国之美的旅行》在日本一经出版就卖出了 5 万本以上，而在韩国国内也在一个月内卖出了 4 万本以上。虽然这是这位艺人首次执笔，却一口气登上了畅销书排行榜。当他被问到"活到现在，最辛苦的事情是什么"的时候，裴勇俊毫不犹豫地回答，写书就是他经历的所有事情中最辛苦的事。我想可能他对书的成功与否并没有想过太多，因为他所关心的不是销量，而是逻辑能力。裴勇俊通过写书的工作，锻炼了自己的逻辑能力，培养了连接左右大脑的统摄性思考能力。而更重要的是，当书出版的时候，他应该已经体会到了与电视剧或者电影的拍摄工作结束时截然不同的、创意的喜悦。

快乐是成功的前提

在日本东京，有个面向老人们的"涂色教室"非常受欢迎。乍一听人们会想："涂色教室不是只有小学生才会去玩儿的地方吗？"不过老人们学习涂色也是有他们自己的理由的。看着名画学习给图画上色，会让整个大脑均衡地运动，对大脑的健康非常有帮助，可以预防老年痴呆等多种症状的发生。

日本五轮大学的吉彦教授说："相比写字或者进行手指运动，涂色功课更能增加血氧——氧化血红蛋白的量，因此对大脑健康很有帮助。"用双眼看颜色、边想边动手的一系列行为需要调用全身，所以会对大脑功能刺激起到广泛的影响。在过去，这或许是最理想的方法，而如今已经是数字时代，比画画或者涂色功课更具创意性的就是制作 UCC 视频（User Created Content）。UCC 是指自己亲手创造故事情节，用摄像机拍摄下来进行编辑，最后制作成视频，可以说是一个完整的创作物。而要想制作 UCC，就要学习电脑使用方法，还要学习使用摄像机。

　　江陵市为了开发旅游资源，曾经召集本市的公务员一起进行座谈会。大家一致认为江陵市是个夏季海滨浴场，一年中只有一个月的时间会有旅客前来光顾。所以为了解决这个问题，就迫切需要开发多样的旅游资源，让旅客前来游玩的脚步一年四季都能络绎不绝。

　　为了发掘不为世人所知的新鲜元素，公务员们到处奔波。但是对成天只做管理工作的他们来说，发现创意性的资源并不是一件易事。可是他们并没有放弃，而是不分昼夜地查询了所有资料，最后终于找到了一个线索——镜浦湖一带是候鸟的乐园。江陵是山与湖、河流与大海交汇的地方，而且处于朝鲜半岛的中心地带，所以也是冬季候鸟和夏季候鸟交叉的地方。他们还了解到镜浦湖一带随着春夏秋冬的变化，会有多达二百五十余种的鸟类不时逗留在此。虽然有一些鸟类摄影爱好家们会为了拍摄这些不同种类的鸟来到这里，但是想把每个季节都会飞到江陵的各种鸟儿的样子展现给更多人，还是心有余而力不足。这时，公务员们想到了UCC，想要有效地将这里的风景展示给公众，也就只有制作UCC的方法了。因此，他们商定了一个叫"候鸟的四季"的主题，编辑各种候鸟的照片和视频，制作出了UCC。为了制作UCC，江陵市的公务员们不得不进行从来没有做过的故事剧本编撰工作，还要学习摄影、编辑、制作视频等。在这一系列的过程中，他们得以将潜藏于自身中的创意本能逐一唤醒。结果，他们用自己的创意本能制作出来的UCC，向人们证明了之前未曾被任何人关注过的镜浦湖候鸟资源，足以成为新的旅游资源。现在，江陵市为了把镜浦湖变成候鸟的乐园，已经将临近的水田买下来，正在进行还原湿地的工作。江陵市的公务员们创意性地发掘候鸟、打造活生生的生态旅游资源，在进行这些具有创意性的工作的同时，不仅他们自己的创意本能得到了提升，而且也促进了城市的发展。

跳出思维的坑实例之六

跨越专业壁垒，才能打造天才团队

三星电子新产品开发的摇篮——VIP 中心是 "Value Innovation Process" 的缩写，它可以解释成 "价值革新"。三星电子内部的各种创意优化使其超越日本的索尼，成为世界第一的电子公司。《福布斯》杂志曾报道过，VIP 中心在这当中发挥了巨大的作用。《福布斯》在一篇叫 "三星电子成功的秘密（The secret of Samsung's Success）" 的长篇报道中集中介绍了 VIP 中心，解释说："在位于三星电子水原[1] 公司的 VIP 中心里，每个会议室都会有工程师、产品负责人等围坐在桌旁，对贴有 '洛奇'、'彩虹' 等名字的项目进行讨论。VIP 中心连同经营者无限的

_____

[1] 水原，韩国京畿道的首府城市。

危机意识正是三星电子能够成功的最大原因。"另外，
这篇报道还详细地介绍了员工们的日常生活以及一些
插曲，说他们有时还会集体住宿，积极参与短则一月、
长则一年的项目。

像这样，三星电子通过 VIP 中心从产品规划的初
期开始就专注于节约成本，制造方便实用的产品，结
果让他们拿出了比竞争对手更具革新性的产品，同时
也获得了降低制造成本、提高收益利润、缩短市场到
达时间的效果。

《福布斯》还将 VIP 中心比喻为像美国航空航
天局（NASA）一样，朝着一个目标而"投入全部力
量的组织"，还特别关注了 CFT（协作组，Cross
Functional Team）活动。CFT 是指多个部门人员"跨
越部门之间的壁垒，讨论什么是顾客价值的团队"。
CFT 召集准天才们来执行革新性课题，通过一连串的
过程，使他们最终成为了一个天才集团。就像《福布
斯》指出来的一样，直到新产品规划课题结束为止，
包括技术人员在内的与销售、营业、生产等全部流程

相关的所有员工会组成一个团队进行 CFT 活动，这就是三星电子拿手的强项之一。

各领域的专业人员在商品规划的初期便聚集在一起，用"价值画布"打造商品的主题，应用发明问题解决理论（Teoriya Resheniya Izobretatelskikh Zadatch，TRIZ），拿出新构思，因此，经常能创造出谁都无法想象的革新性产品。而就像是要证明这一点似的，一年中两千多名专业人员参与了一百多个课题，使三星完成了一次又一次的壮举，诞生出了许多三星的代表商品，如 Anycall、DVD combo、PAVV TV、Sense Q 电脑、Myjet、Zipel 冰箱等，都在市场上引起了强烈的反响。

서른법칙

第 3 章

全球顶尖企业的秘密

01 扭转思维 180°

抓住不相关事物之间的联系

认为创意力高不可攀而不敢轻易触及的想法是因为人们对创意力有所误解。创意力并不是从无到有的创造能力，它是适当地将已有的信息收集起来，并用独特的方式组合后得到有用结果的能力。而要想有效地发挥出创意力，必须进行"统摄（Consilience）思考"，也就是要通过知识的沟通和融合创造出新东西，需要协调右脑的想象力与左脑的判断力，并有机地结合起来。

大部分人都只进行逻辑思考，所以在已有的市场中总是一再重复类似商品互相竞争的情况。如果想从激烈的竞争中脱颖而出找到新的市场，就不应该只是修正已有的想法，而应该干脆地把思路彻底改变一下。在思考一个问题或者事实的时候，让我们从现有的逻辑思考中摆脱出来，转换思路向感性思考再靠近一点儿吧！

我们先假设以"花朵"为对象来思考一下。关于花朵的逻辑思考是"花朵会凋谢"，但如果你在这里将思绪暂停一下，就会浮现出一些想法，在花朵凋谢之前使其商品化成为可能。你会想到，比如做个插花，或者为了让它枯萎得慢点儿而开发供给水分的工具——当然这些想法已经是无数人思考过几十年甚至几百年的东西了。市场上已经有同类商品，所以无论你再怎么向市场推出相同的东西，也不会得到什么特别的响应。

如果这样的话，就让我们再前进一步，把思路转变180°吧！让我们把想法转换成花朵是不会凋谢的。当然这对于逻辑性强的人们来说是完全说不通的想法，可是，有时感性思考会创造出新东西，就让我们带着这种信念继续进行下去吧！

彻底转变为花朵不凋谢的想法，这本身就是统摄性思考。大部分人不会进行这种形式的非逻辑性感性思考，而如果这种感性思考只以想象告终，那也是没有任何意义的。

要试着把它与其他对象进行再结合，诱导新构思浮现。例如，一边想着"花朵是不会凋谢的，那要怎样才能制造出不会凋谢的花朵呢"，一边在脑袋里浮现出"造花"。试着进行带有感性的统摄思考，而不是完全逻辑的思考，这样你就能想出人造花这种与别人全然不同的商品。

在大部分人们把花朵想成终会凋谢的鲜花时，发明出人造花的人却将思路转变成"花朵也是可以不凋谢的"。所以，这就使他有可能研究出新的商品——不凋谢的人造花。

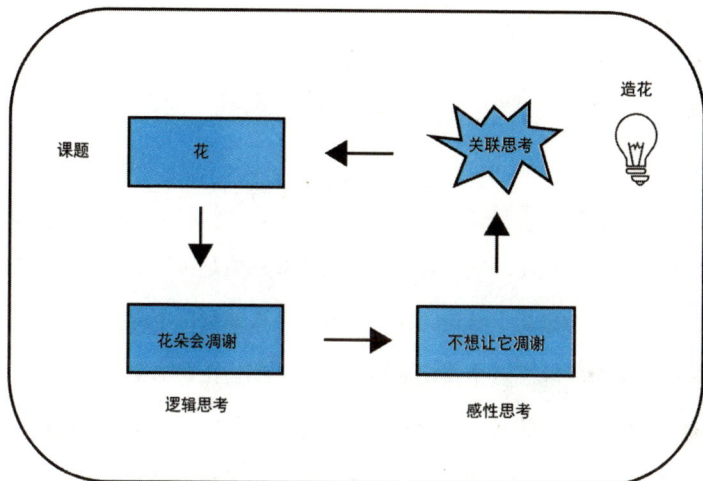

课题的定义（左脑）——导出构思（右脑）——验证构思（左脑）——树立执行计划（左脑）——说服执行计划（右脑）

在解决经济性问题时，大脑会在逻辑性思考与感性思考之间来回交叉。这时我们可以根据问题所处的不同阶段，通过连接左脑思考与右脑思考的统摄性思考，更有效地去处理工作。

让大脑清零，重新开始

虽然我们自己很少会意识到这一点，但是生活中我们经常会进行很多预测。然而，就某种状况去预测其结果是相当危险的事情。所谓预测就是预先下结论，比如看着某个人就想这个人会这样，或是面对某种状况想这个事情会那样。对于那些在面临某种状况时预测心理特别强烈的人，不管旁人如何指正，他也不会接受，反而会更固执地坚持自己的想法。这种人并非是善于预测的人，他已经深深地陷入了固定观念之中。

预测是个无奈的、过去的产物，因为预测都是通过自己的经验得出的。当然，通过经验得出的预测有其优点，但也有可能犯下错误，因为某一次的亲身经历并不能代表所有其他的可能性。有些人会心里想着"这个行不通"、"有没有什么别的方法"从而轻易放弃，因为这些人中的大部分都有过失败的经验。这种预测对唤醒创意本能是毫无帮助的——"不行的可能性大于行的可能性"，对于行动中已经带有这种倾向性的人，我们是不可能去期待他会有什么新构思的。

如果你处于这种状态，那么在开始某一工作前，你就必须先将脑袋里的东西完全腾空后再开始，也就是要进行"零基础思考"。这就等于将过去一切的经验忘掉，并且，还要带着一切皆有可能的包容性去重新开始。

K 在一个年销售额达 3000 亿韩元左右的中坚中小企业研究所工作，他为了开发具有高市场性的商品，每天晚上都会加班进行研究，他曾透露过这样的苦衷：

"我拼尽全力去努力开发市场性高的商品，就是不知道为什么我创造出来的产品在市场上这么不吃香。"

于是我向他推荐了营销课程。他用疑惑的表情反问我："我可是开发商品的人，并非营销人员啊！"但不管怎么说，他最终还是去听了营销课程，而且课程一结束他就这样说道：

"之前，我只专注于研究，好像完全没有去考虑过营销或者战略。这次真是大开眼界！"

现在他在开发商品的时候，会进行可以看到商品未来的战略性思考，再不会犯那种用粗糙的预测去选择失败的错误。在这之前，他只是用自己专注于研究开发而积累下来的经验，想着"这个商品肯定会成功的"，用这种没有任何根据的预测去做一些并不具备市场性的商品。莫扎特也说过："我每天晚上都会死去，早上又会重新诞生。"这充分说明了基础思考的重要性。具有创意本能的人的特征就是善于忘掉过去，他们不会对昨天的成功或者失败恋恋不舍，所以今天才会有可能涌出更加新鲜的创意。

大胆跨越不能跨越的线

进行创意性教育的时候，老师时常会跟学生讲这样的话：

"我是个没有创意性的人。"

这并非只在韩国存在，而是一个世界性的现象，在每个国家都能见到。那么到底为什么人们会认为自己没有创意性呢？其实这是因为人们对创意产生了错觉。在这里，我指的是更实质性的、对自己的人生有所帮助的创意性。例如，创意性可以使狗学会游泳。狗虽然是不会游泳的动物，但是在掉进水里的时候，有一瞬间它会拼命地挣扎着去学会游泳。那个瞬间就是它们停止吠叫的时刻。

人类也是一样的。当意识到自己面临问题了，人们就会开始进行思考。一个人要成为具有创意性的人，给周围带来实质性的帮助，就要先成为能解决面前问题的人，而并不是想出 100% 的创意性构思的人。一味地追求创意性的想法，就好比是连问题是什么都不清

楚就提供解决方法的咨询师。在还没有出现具体问题的状况下就毫
无计划地开始工作，不久之后极有可能就将经历巨大的失败。

所以，要发挥创意性，首先就必须把问题找出来，彻底弄清
楚它的性质。你需要有对问题的强烈好奇心，而且还需要灵活的态
度，懂得怎么越过社会观念上被规定为该问题的可能解决方案的那
条线。如果有一条在不知不觉中被定下来的、你曾告诉自己"不能
超过这里"的界限，那么就请大胆地迈过那条线吧！自己给自己设
定的界限有可能会限制自己的创意性，所以要懂得跨越所有领域的
界线，从看起来貌似没有任何关系的事物之间找出关联性的构思。
固定的想法和呆板的思考不会给你带来任何新的构思，所谓创意都
是从寻找看似毫不相关的事物之间的关联性开始的。

刻意赋予动机

企业为了奖励员工们的创意性，一般都会进行一些奖励措施，
比如让员工提出新的构思，一个月选出一名来进行奖励。可是，虽
然许多企业实施这种措施已经长达数十年之久，却很少听说有人取
得了像样的成果。因为以员工的立场而言，他并不是真的想进行创
意性思考，多半都是迫不得已而拿出点子。而在这种状况之下，自

然不可能出现什么好构思。

人们在被赋予更本质上的动机时，通常会想出好的构思。"我对这次的项目真的很感兴趣，所以正在很认真地工作。"对于有这种想法的员工们来说，不用给出额外的奖励，他们也会自觉地做出最大的努力，为了更好地完成工作而想出很多创意性的构思。就像这样，比起受到谁的指使去工作，人们在被赋予动机而自觉工作时，能够想出更多创意性的想法与构思。

作为主导世界市场的设计公司，IDEO 内部仅在一个领域里设有一些纪律，那就是创意性的头脑风暴。下面是 IDEO 公司内部关于规则与纪律所进行的对话。

"问题是什么？你说想把小狗带到公司来？请便吧！你说想在办公室弄个阳台，把室外家具搬到里面来？你想怎样就怎样吧！你说觉得把熊玩偶挂在办公室天花板上，创意力就能变好？好吧，就这么做吧！想办法弄一个喜欢的熊玩偶挂在天花板上吧！可是，你要先弄清楚一点，你要有心理准备，把你所希望的这些全都设置好以后，在为导出创意性而进行的头脑风暴的过程中，你就需要提出自己的想法。"

IDEO 这个公司不知疲倦地成长，其秘密就在这里。因为他们清楚创意性并不是随随便便迸发出来的，所以会对员工进行动机的赋予。如果想出了创意性的构思，就会答应员工们的任何要求，而

与之相对应的，它的结果必须要好，要在向他们传达出可能会受到
评判的意思的同时，赋予他们动机。

一个灵感创造一个世界

如果要评选世界上最具创意性的CEO，应该有很多人会提出"苹
果"的史蒂夫·乔布斯。他是怎么提出那么具有革新性的想法，又
是怎么使推出的每件商品都引起空前的强烈反响的呢？平时一直对
此非常好奇的一个记者向史蒂夫·乔布斯提出了下面这个问题。

"您的创意性到底是从哪里生出来的？"

听到这个问题，史蒂夫·乔布斯露出了轻松的笑脸，像是说这
并不是什么难题似的，做出了这样的回答：

"将各种因素相互连接起来，创意性就从此而来。也就是说比
别人进行更多连接自己的经验与新事物的关联思考（Associational
thinking）。从事我们这一行的人中，相当一部分人都没有足够的
经验，所以缺乏相互连接的素材，结果就无法完全了解针对相应问
题的广泛观点，只能提出低级别的解决方案。在这种状态下，是很
难期待创意性的构思出现的。对自己的经验和他人的经验理解得越
广泛，你越能提出创意性的构思。"

关联思考（Associational Thinking）就是将表面上看似完全不相关的事物连接起来，找出其关联性，并将其重新结合提出新的构思。"苹果"的历史也是这样的。虽然现在的苹果公司生产着各种各样的商品，但事实上"苹果"原来只是专门生产个人电脑的公司。当苹果的个人电脑事业因业绩不佳而陷入苦战时，他们重新请回了史蒂夫·乔布斯，策划新的改革。接着，史蒂夫·乔布斯为了克服个人电脑事业的界限，开发了音乐娱乐装置 iPod，而这个 iPod 一问世就成为了轰动全世界的热门商品。

然而史蒂夫·乔布斯并没有停留于 iPod 的成功，而是马上开始准备进入移动电话事业。可是当时的苹果公司中并没有具备移动通信技术的人，也不具备能生产移动电话的设施，所有人都认为"苹果"进行移动电话事业是个非常盲目的决定。当大家都在劝他的时候，史蒂夫·乔布斯想的却不一样。他认为正是因为什么都没有，所以才能生产出最理想的移动电话。

史蒂夫·乔布斯起初想到的是"在未来会需要什么样的移动电话"而不是"怎么把现在的移动电话改造一下"。这是从思路本身就跟别人不同的接近法。索尼刚开始移动电话事业的时候，所采取的方式也是先收购现有的移动电话制造公司——欧洲的爱立信，然后以它原有的技术创立索尼爱立信。当时，索尼在爱立信原有的产品基础上，推出了"改进了一点儿"的音乐手机，但仅凭这点儿改变是很难引起市场的反响的。

史蒂夫·乔布斯非常清楚索尼是为什么失败的，所以他更觉得不能重蹈索尼的覆辙，于是开始思考"未来顾客想要的移动电话到底是什么"。他认为随着网络的不断发展，顾客们肯定会希望用移动电话自由畅游网络，还会希望享受多种多样的多媒体内容。接着他就判断，用现有的键盘布局想要实现这些肯定是会受限制的，所以最后他就想到了没有键盘的移动电话，开始设计可以触控整个屏幕的 Touch Phone。

如果我们将这一过程看成创意思考模型，就跟下图一样。

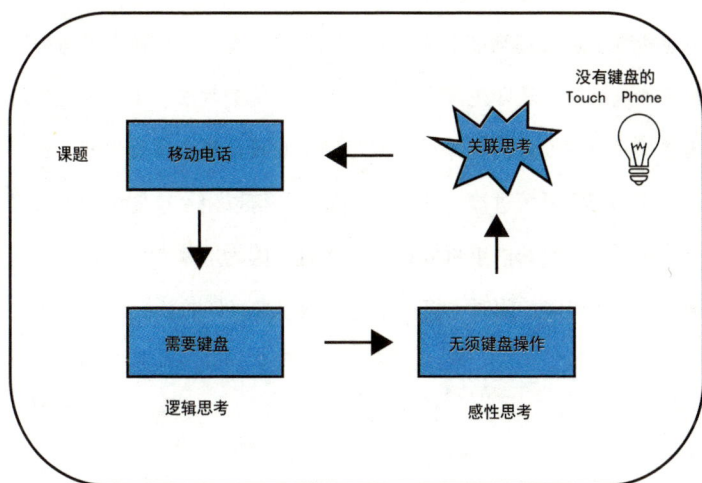

之前所有移动电话都是通过键盘来工作的。因为这是极其常识性的信息，所以移动电话的设计者们在设计时，都会认为键盘是绝对不能改变的基本配置，充其量也就停留在改进它的程度，例如"把键盘设计得大一点儿，还是小一点儿"、"键盘的材质用塑料，还

是换成金属材料"等。像这样，不管他们再怎么思考，也不会越过固定观念的壁垒，还是会认为键盘是必须有的。

可是，史蒂夫·乔布斯却第一个想到了移动电话即使没有键盘也是可以工作的。他在开发麦金塔 PC 的时候，也曾做过类似的思考。当包括 IBM PC 在内的所有 PC 都通过键盘来工作的时候，正是他划时代地使麦金塔能用屏幕上的图标（Icon）和鼠标（Mouse）来工作。同样，在开发移动电话的时候，他也像开发麦金塔时一样，进行了创意性的思考，想着"去掉键盘，改成触摸屏幕的方式"来操作。当他跨越了别人连想都不敢想的固定观念的壁垒，想象着没有键盘的移动电话时，随即也浮现出来了很多其他的想法，得以让工作继续进行。现在键盘消失掉了，就可以重新设计整个屏幕界面，也可以往屏幕界面里填进漂亮的图标。最终，可以用触摸图标的方式轻松连接到网络的智能手机问世了。而且，因为屏幕变宽了，所以视频服务成为可能，同时也抓住了自由利用多媒体的新机会。

跳出思维的坑实例之七

摆脱呆板的办公室

当你为了处理棘手的事情打开电脑，却发现鼠标刚好失灵，这时你的心情会怎样呢？当然，你还是可以用键盘非常缓慢地处理工作，但是对那些不是很熟练的人们来说肯定就是件苦差事了。这种时候你肯定会体会到鼠标的珍贵，那么，这个全世界的人们几乎每天都要用到的鼠标到底是谁开发的呢？

开发的始因就是史蒂夫·乔布斯，是他在开发个人电脑的时候，委托设计公司 IDEO 设计了鼠标。IDEO 设计出来的鼠标将我们从键盘的烦琐中解放了出来，使得用简单的点击操作 PC 成为可能。

IDEO 是世界第一的产品开发设计公司，宝洁、微软、惠普等都是该公司的顾客，韩国三星和 SK 电

信也是。宝洁公司 CEO 阿兰・乔治・雷夫利为了学到
IDEO 的创新秘诀，甚至还曾派前任委员到 IDEO 接受
全程教育。

到底 IDEO 里有什么和别的地方不同的东西呢？

IDEO 位于美国帕罗奥多，有 500 名职员，全世
界超一流企业都喜欢光顾这家公司的理由就是因为这
个公司有很多"创意性人才"。

IDEO 的主席 Tim Brown 强调竞争力的源泉就是
人，他说："我们需要的人才是专家，同时他也应
该是能大概理解人类的人。我们把这个叫作 T 字型
人才。"

T 字型人才是指在特定领域中具有专家级知识，
而且还拥有跟自己专业无关的其他领域的丰富知识的
人。例如，具有人文学素养的工程学博士、拥有技术
力的经营学硕士等这样的人。在过去，只要精通一个
领域就可以解决所有问题，而现在则需要像英文字母
T 的形状一样，既要有深度又要有广度。虽然对自己
的领域非常熟悉，但是对其他领域却一无所知，这种

I 型人才的立足之地如今正变得越来越窄。实际上，在 IDEO 中 MBA 出身的人只占少数，取而代之的是具有产业设计、建筑学、历史学、工程师等丰富背景的人们，他们通过观察事物、互相交换意见、互相帮助来共同带动项目顺利进行。

IDEO 的工作环境也是打破常规、与众不同的。就跟公司的性格一样，它的办公室与现有的办公室大不相同。它将能在办公空间共享构思的各种道具摆放在房间中央，还设有许多可以进行头脑风暴的空间。进行头脑风暴的房间还要更特别一点儿，墙面上贴有很多活动挂图或者便条纸，都记录着进行新构思会议时想起来的东西。他们会当场整理那些新出现的构思，如果是可以马上实行的，就会现场进行再现或者将构思往更好的方向修正。办公室的书桌上，电脑、各种资料和装备也都以未被整理的状态随便摆放；在天花板上，挂着他们自己骑的自行车或者飞机模型；在旧金山上班的员工还可以享受充满创意力的职场生活，他们会在与旧金山湾连

接的阳台上，面朝大海开会或者休息——正是像这
样重视自律和创意的企业文化与环境，将 IDEO 的员
工们培养成了具有创意性的人才。

02 全新的人生由创意开始

创意造就天才

　　三星电子善于创造新事物的秘诀是什么呢？在二十多年前，三星电子也只不过是按部就班地模仿日本产品的抄袭者而已。电视机、洗衣机、电冰箱等三星电子的初期产品中，没有一个是自行开发的，全部都是差不多地模仿一下日本家电公司的产品而已。因为制造的时候只想着把外观稍微改变一下，所以经常会利用日本公司的设计图，大部分的零部件也是从那些向日本整机制造商供货的日本零件公司进口。我曾经就职的三星电子计算机事业部也是一样，要么直接进口美国电脑来销售，要么实现部分国产化，主要部件还是依靠进口来组装。相当于抄袭者的三星电子，在进军半导体事业之后才开始产生了变化。正式着手半导体事业以后，三星集中火力进行了技术开发，而这一余波也逐渐波及了其他电子产品的技术开发。与此同时，有个技巧也帮助三星电子的员工们提高了他们的创意能力，那就是 TRIZ（Teoriya Resheniya Izobretatelskikh Zadatch，发明问题解决理论）。在三星电子和三星综合技术院工作的员工们，每次在技术开发和商品开发上提出新构思时，都会利用叫作 TRIZ 的技巧。

TRIZ 是俄罗斯开发出来的创意力技巧，其实 TRIZ 一度被保护得像军事机密一样，就是为了不让它流到外界。TRIZ 被认为是俄罗斯的秘密武器，资本主义社会第一次接触到它也是在苏联联邦解体以后。随着俄罗斯的 TRIZ 专家向美国、欧洲扩散，TRIZ 的秘密内容开始被大家所了解。三星电子的技术人员们也接触到了这个，之后便传到了前副会长尹宗勇那里。尹宗勇之前曾是工程师，一眼就看到了 TRIZ 的优越性，并指示引进到公司所有部门。当时，三星电子还专门从俄罗斯特聘了 TRIZ 专家传授这种技巧。三星电子认为，TRIZ 不仅对新技术的开发很有用，而且对获得美国专利有特别帮助，所以就开始在三星综合技术院培养 TRIZ 专家。从这个时候开始，俄罗斯的 TRIZ 专家们就常驻三星综合技术院，在技术问题的解决和专利申请上给予了很大帮助。TRIZ 的优越性被三星的最高经营者们认可后，三星电子、三星电器、三星重工业、三星建设等也都开始培养 TRIZ 专家，直到现在也一直将这种技巧应用在技术开发上。

特有的管理文化深深地扎根在企业文化中，这是三星的传统。

可是问题在于，这种管理文化本质上的弱点阻碍了员工们的创意力。研究开发需要出众的创意性，但与此相反，三星的内部管理方式极其传统，两者之间产生了很大的矛盾。而在解决这个矛盾的过程中，TRIZ 成为了最大的帮手。

TRIZ 不仅是提出新构思的好方法，还可以通过它来比较推出的构思在国际专利上能产生什么影响，所以就显得更加有用。利用 TRIZ 三星就可以研究美国专利局的资料，并将它应用在申请美国专利之中。到现在为止，利用 TRIZ 完成的三星专利申请已经超过了 3000 件，仅次于世界第一的 IBM 排在第二位。最近，TRIZ 已经以创意经营的实践方法论，广泛应用到了生产、营销等各种领域当中。

如何提升创意？

可以称作创意力技巧之最的 TRIZ 是由隶属苏联海军、兼任专利评审官的 G. 阿奇舒勒博士开发的。在俄罗斯审批过的 20 万件左右的专利中，他所关注的是"获得专利的技术与未获得专利的技术之间的差异在哪里"。他分析了那些获得专利的技术的特性，发现了一些共同点，并花了 20 年时间整理出其基本原理，然后压缩成了 40 种。通过重新整理那些获得专利的技术，他更深入地进行归纳并得出了 40 种创意性原理。从这些原理中我们可以一目了然地识破那些获得专利的天才构思，虽然技术形态不尽相同，但是深入到原理层面就能发现可以应用到实际中的新构思，所以工程师们都觉得这 40 种创意性原理非常重要。可惜的是，在 50 年前阿奇舒勒整理这些原理的时候，苏联的经济活动并不活跃，所以它基本上都只集中用于技术性的事例中。

之后随着美国和欧洲的 TRIZ 专家们将 TRIZ 利用在商业创意上，一些商业事例逐渐被追加到了 40 种创意性原理中。不过我认为要想更广泛地将这 40 种创意性原理应用于商业领域，就必须使其中的术语表达更为简单，于是就携手韩国科学技术院（KAIST）技术经营研究生院的金成熙教授的团队一起，进行了把 TRIZ 原理转换成简单语言的工作。下面列出来的就是在保持阿奇舒勒博士整理的 40 种创意性原理的基本体系的同时，囊括数字时代各个商业事例的"新 40 种创意性原理"。

新 40 种创意性原理

1. 分开

2. 挑出来

3. 局部最佳化

4. 特殊化

5. 同时进行

6. 将各种功能合为一体

7. 配对

8. 激活开放性

9. 提早往反方向采取措施

10. 提前采取措施

11. 提早预防

12. 利用有效资源

13. 尝试倒着来

14. 改变传统观念

15. 赋予部分自律权

16. 进行极端思考

17. 从不同角度观察

18. 改变固定变数

19. 周期性进行，而非连续性

20. 使有用的作用持续下去

21. 如果有害，就马上进行

22. 用有益替换有害

23. 利用反馈

24. 利用中间媒体

25. 让使用者去体验

26. 创造性再学习

27. 用廉价的方法进行创意

28. 用比喻的方法举例说明

29. 赋予流动性

30. 强求辅助手段

31. 简单化，变得更轻便

32. 从技术上重新观察

33. 固守本质

34. 丢弃或者重新利用

35. 变化属性

36. 改变整体的本质

37. 将要因进行膨胀或者收缩

38. 刺激

39. 稳定

40. 融合

下面我根据 40 种创意性原理分别举出感性应用事例，使读者对每个原理都能进行感性思考。而且每个原理都相应地介绍了最近成功的商业构思，使读者们能更容易理解这些原理，可以将其更好地应用于自己的课题解决当中。

引领成功的 40 种创意性原理

我们将创意性原理的实际应用事例分成 40 种，用易于理解的方式进行解说。因为这 40 种原理是整理成功构思的基本原理而得出的，所以任何人都可以自由灵活地应用。只要你有足够的自信心，相信"我也可以拿出创意性的构思"，那么你肯定能通过它取得非凡的效果。

01. **分开**　2005 年推出的任天堂 DS 由两个分割开来的画面组成。一个画面用来玩游戏，而另一个画面则显示游戏的操作方法，让初学者也能轻松享受游戏的乐趣。

02. **挑出来**　加拿大的"太阳马戏团"从动物必须登场的过去式马戏团中把动物挑出来，并将"人"放进去，创造出了不是以动物而是以人为中心的艺术性马戏团。

03. **局部最佳化**　与其使整体变好，还不如将局部进行最佳化。当今韩国的手机企业一般都向发展中国家提供低价位手机，针对发达国家则开发出高端手机以高价位销售。

04. **特殊化**　不将所有东西打造成相同的模样，而是在设计上进行特殊化处理。"苹果"当初进军手机市场的时候，开发了Touch Phone，它的设计就与过去的产品有着很大不同。

05. **同时进行**　在星巴克工作的咖啡师要同时进行各种工作，如接受顾客的点单、制作咖啡、提供一些必要的服务等。

06. **将各种功能合为一体**　瑞士军刀（Swiss Army Knife）将改锥、剪刀等多种功能折叠起来全部塞进了一个小小的刀鞘内。

07. **配对**　过去每个医院都使用自己固有的名称，而"艺齿科"却在一个品牌上配对很多医院，将其用于积极的品牌营销中。

08. **激活开放性**　最常用到的广告方式就是PPL，也就是向电视剧或者电影赞助商品，很自然地进行曝光。

09. **提早往反方向采取措施**　建设送电塔的时候，基于电线会根据温度而膨胀或收缩的现象，为了应付这一状况，所以提早在绝缘子上预留多余的电线。

10. **提前采取措施**　如果将机票或者火车票在网上提前销售，员工们就可以减少烦琐的窗口业务，乘客们也不用在窗口排上长长的队伍等待。

11. **提早预防**　为了在发生车祸时保护驾驶者，汽车上都装备了安全气囊。

12. **利用有效资源**　电视购物是主妇们非常喜爱的节目，所以人们会积极地让主妇来当节目嘉宾。

13. **尝试倒着来**　2009 年冬天，首尔市中心的光华门举办了世界滑雪大会。通常滑雪大会都在深山里的滑雪场举行，但此次因在城市中心举行从而受到了世人的关注。

14. **改变传统观念**　马赛鞋作为一种功能鞋，将鞋底改变成曲线，使直立步行成为可能。

15. **赋予部分自律权**　丽茨·卡尔顿（Ritz-Carlton）酒店会给在顾客接待部门工作的一线员工们每人 1000 美元，让他们随便使用。这样就赋予了员工们充分的自律权，在特殊情况下，让员工们可以自己进行判断，根据顾客的要求来随机应变。

16. **进行极端思考**　要么很昂贵，要么很便宜，总之你要试一下极端的方法。印度的塔塔汽车公司目前就正在开发生产与摩托车的价格差不多、售价在 2500 美元左右的超低价汽车。

17. **从不同角度观察**　济州岛开发了一条旅游路线，让游客可以在海边的乡间小道上散步。这条早已存在但我们却从来不曾知晓的乡间小道，如今很多人都在上面悠闲地走着。

18. **改变固定变数**　大部分学校的教学都属于学生去学校而老师在学校等学生的形式。但是学习指导公司打破了这种固定观念，创造出了新的教育方法，让教师去访问学生家庭并指导其学习。

19. **周期性进行，而非连续性**　虽然汽车的数量在不断增加，但道路网却远远跟不上这个速度。特别是在上、下班时段，往往会出现往特定方向聚集的车辆瓶颈现象。为了解决这个问题，在高峰时段就可以实施可变车道制度。

20. **使有用的作用持续下去**　把银行的窗口业务局限在工作时间内并不会带来什么好效果，应该通过开设网络银行或网上窗口，向顾客们提供 24 小时的信贷业务。

21. **如果有害，就马上进行**　高速公路的收费站对于征收费用来说是必需的，但是因为计算费用导致车辆通行受阻，给人们带来了很大的不便。为了解决这个问题，人们引进了 High pass，使车辆可以迅速通过收费站，减少了车辆滞留现象。

22. **用有益替换有害**　固定观念认为"害虫只会对农作物有害"。但我们也可以转换思路，经营"天敌业务"，通过饲养害虫的天敌来防治害虫。

23. **利用反馈**　更快的反馈与更少的费用，对任何事情来说都是最理想的状态。如果营销部门想通过调查消费者的意见来制订营销战略，最快捷而省钱的方法就是利用网络回帖营销。

24. 利用中间媒体　男洗手间最头疼的事情就是要经常清洁小便便器。但是，如果在小便便器上画一只苍蝇图案，就可以防止小便溅到外面。于是利用"苍蝇"这个中间媒体，洗手间的环境污染情况就能得到缓解。

25. 让使用者去体验　画家们喜欢随身携带素描练习本，在雪白的纸上描绘或书写自己的想法。一个叫 Moleskine 的公司对此进行了创造性再学习（Bench Marking）之后，制作出了高级白纸笔记本。他们将这个本子的主题定为"尚未写出来的书"，引导使用者去完成这本书。

26. 创造性再学习　星巴克的创始人霍华德·舒尔茨在意大利旅行途中看到意式咖啡屋，于是想出了星巴克的原型。然后再对其进行创造性再学习，加入一些新的构思，逐渐形成了新商机的模型。

27. 用廉价的方法进行创意　没有房子的人想购买一套公寓，费用负担会相当沉重。如果选择长期租赁公寓就可以单凭租金长期居住，也可以获得与购买房子类似的效果。

28. 用比喻的方法举例说明　让消费者闻到正在销售的食品的味道，这是刺激消费者购买欲望的好方法。从面包店飘出烤面包的香味，或者从咖啡屋飘出阵阵咖啡香，这些都属于这种方法。

29. 赋予流动性　如果想到汉江中的栗岛一游，就得过河到达栗岛，也就需要观光巴士能同时在陆地和水面上行驶。为了解决这个问题，于是就出现了水、陆两用的观光巴士。

30. **强求辅助手段**　很多便利店都很想卖紫菜包饭，但是因为紫菜有很快就会发软的特性，所以其销售有点儿强人所难。三角紫菜包饭就是为了解决这个问题而出现的，它在干燥的紫菜和潮湿的米饭之间夹上玻璃纸，从而阻断了潮气，防止紫菜变软。

31. **简单化，变得更轻便**　登山的人为了应对气温变化，上山的时候会随身携带羽绒服，但是因为羽绒服的体积太大，携带起来非常不方便，所以就开发出了超轻便羽绒服，将体积减小到拳头大小，使得将其放进背包里随身携带成为可能。

32. **从技术上重新观察**　开车去一个陌生地方的时候需要带上地图。可是一边驾驶一边查地图是不太可能的，所以人们就用数码技术将地图电子化，发明了汽车导航仪。汽车导航仪不仅可以看，还可以通过声音提供道路导航服务，因此在驾驶的同时，就可以轻松找到正确的路线，到达目的地。

33. **固守本质**　名牌产品在功能上与其他产品并没有显著的区别，只是名牌产品选择了通过提高价格并减少生产量的方式来提升其价值。

34. **丢弃或者重新利用**　手机的不便之处就在于要给电池充电，而且在使用途中经常会出现因电池电量不足而通话中断或无法接听电话的情况。为了解除这种不便，于是太阳能充电手机就诞生了。

35. **变化属性**　花朵是可以使生活变得更美好的载体，但却具有容易凋谢的缺点。在需要长久不败的花来做室内装饰的地方，人们就会使用塑料或者纤维制成的人造花。

36. **改变整体的本质**　汽车是现代人的必需品，但它所需的汽油却是随时都有可能枯竭的能源。于是开发替代能源的必要性促使了电能汽车的诞生，用电池替代了汽油引擎。

37. **将要因进行膨胀或者收缩**　数码一代都有强烈的欲望想通过制作个人主页或者博客来向别人展示自己，赛我网正是通过制作个人主页并将其网络化，让每个使用者成为了宣传赛我公司的推销员。

38. **刺激**　谷歌是个尊重创意性的公司，它就像大学校园一样，只要自己愿意，任何人都可以自由地装扮自己的办公空间，在工作时间内也可以运动或者休息。为了让每个人都能与所有人进行轻松地对话，它创造出了自由的职场氛围，而这一工作环境氛围本身就刺激着员工们的创意力，促进了公司的发展。

39. **稳定**　Posco 为了创造出创意性的工作氛围，在公司内打造出了一个创意空间。在这个地方员工不会受到任何人的指示，因此可以进行艺术性活动，或者进行自由的讨论。

40. **融合**　3D 动画（小企鹅）Pororo 为了占领 3～5 岁的儿童市场，于是就将模拟形态的感性故事与 3D 动画尖端技术相结合起来。

上述 40 种创意性原理的事例会在第 4 章中进行详细地讲述，敬请参考。

03 抓住成功的技巧

走出固定框架

所谓创意力就是"打破框架，自由想象"，所以如果说要把培养创意力的方法归纳成技巧，那这本身就是一个矛盾。

当然，把艺术家式的创意力归纳成方法论是不可能的事情。可是，因为企业家式的创意力要与技术性要素结合起来创造新商品与服务，所以要建立基本的方法论也不是完全不可能。艺术家式的创意力大部分都是独自进行的过程，但是企业家式的创意力则是由多人参与、经过多个阶段而完成的。所以，只要设定他们所能共有的基本方法论，就很容易付诸实践。

虽然，在这之前也有过用于广告或者企划相关业务的几种创意

力技巧，但大部分都只停留在诱导新想法的水平上。当还没有一个
对于诱导新想法及技术性实现有所帮助的创意力技巧时，三星就将
TRIZ 套用在技术开发和新构思开发上，并且取得了丰硕的成果，由
此也诞生了一些不单单只是诱导构思的技巧。虽然 TRIZ 肯定是在
企业中可以利用的、很有用的创意力技巧，但它的局限性就在于只
有专家才能利用它。世界上所有事物都是一样的，只有当它易于被
理解和学习时，才会被广泛传播。在给大企业的员工们教 TRIZ 时，
我就在考虑将它的适应范围扩大到普通人群的方法。我一直在寻找
能将 TRIZ 简单化的方法，能让人们更容易理解 TRIZ 几个核心部分。

　　TRIZ 虽然对天才们想出新构思非常有用，但是也有它的缺点，
就是"有点儿难懂，执行过程弱"。所以我在保留 TRIZ 方法论的
基础上，加强了其执行过程，创造出了更易于利用的、我将它称之
为"SMART 2.0"的创意力执行方法论。

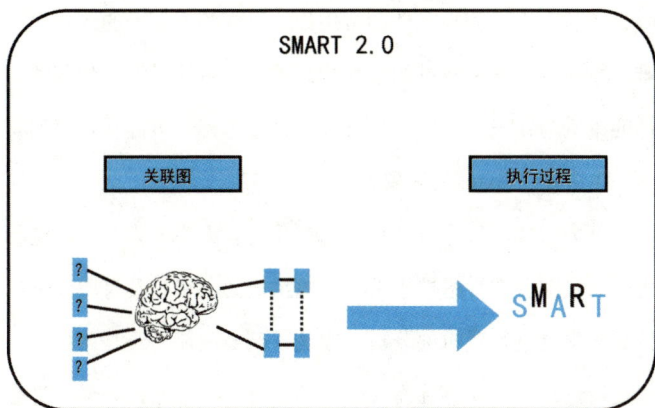

SMART 2.0 是由可以按照 40 种创意性原理发挥想象力的关联图和把新构思付诸实施的 SMART 过程构成的。人们可以通过关联图发散思维，并从创意性构思中得到启发，诱导出构思的再结合或思想的火花（Spark）。但是即使你想出再新颖的构思，如果不去具体执行它，那也没有任何意义。所以，紧接着就要与叫作"SMART"的执行过程相连接，使这个新构思得以执行下去。

关联图带来新构思

史蒂夫·乔布斯的创意能力是从连接左脑技术与右脑感性的关联思考（Associational Think）而来的。企业家式的创意力需要同时具备与众不同的独特性和有用性，只靠整齐划一的逻辑思考是很难迸发出别人从未想过的独特构思的。只有摆脱逻辑的制约，以多样的事例与知识为背景，进行发散性思考，才可能从构思的再结合中产生火花（Spark）现象。

创意力需要同时具有分析力与想象力。人类的大脑是由进行逻辑思考的左脑和进行感性思考的右脑组成的。左脑具有通过分析力对信息和事物进行逻辑性分析、推论、判断的能力。与此相对，右脑则是通过想象力使感性而又多样的思考成为可能。如果想进行创意性的思考，就要使具有相反特性的分析力与想象力协调起来，也就是说需要左脑与右脑的协调配合。

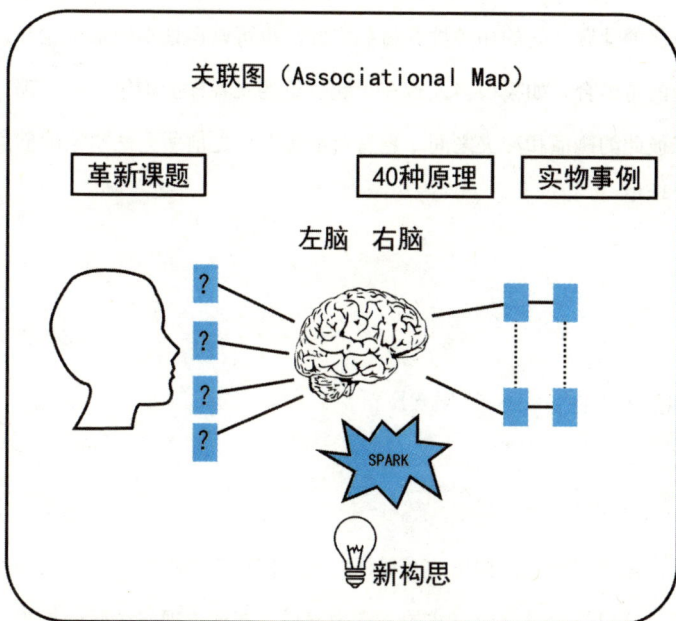

如果分析力很强而想象力不足，那么你的思考就总在有限的范围内打转。而相反，分析力弱而想象力丰富的话，就很容易成为非现实的梦想家。关联图（Associational Map）可以让我们通过左脑来对革新性课题进行明确的逻辑性分析，也可以通过右脑尽情地在想象的世界中展翅飞翔。关联图的右半部分利用的是从创意力技巧——TRIZ 诱导出来的 40 种创意性原理，人们能对成功构思进行

创造性再学习（Bench Marking）。通过它，我们能更容易理解创意天才们革新性构思的原理，同时去观察成功应用这些原理而开发出畅销商品的事例。在这之中，我们还可以找出创意性构思事例与自己的课题之间的相关性并得到启发，也可以谋划不同事例相互之间的再结合。如果很多人聚在一起讨论各式各样的构思事例，那么在彼此的碰撞和冲突之间，也有可能迸发出之前所无法想象的创意性构思。

创意具现化——"SMART"

在想起创意性构思的时候，艺术家们很容易将其马上运用到实践上。但是对于企业家式的创意力来说，即使浮现出全新的构思，要想将其付诸实践并开发出新产品却并非易事。因为对企业家们而言，他们必须与其他人一起工作，通过艰难的开发阶段，才能制作出成品。只有在想出新构思的同时，让付诸实践的过程同步进行下去，才能让企业家式的创意力有效地运转。

对于普通人来说六西格玛（Six-Sigma）是相当难以理解的概念，但它却在很多企业广泛实行，其原因就在于有个叫作"DMAIC"的模式对这一概念各个阶段要做的事情进行了重新定义，并促使人们通过各个阶段将这一模式执行到最后。

"SMART 2.0"也像六西格玛一样有一个类似的"S-M-A-R-T"模式，让你可以通过关联图创造出新构思，并将其付诸实践。而 S-M-A-R-T 模式就是将想出来的新构思按一定的方向感执行到成功为止。

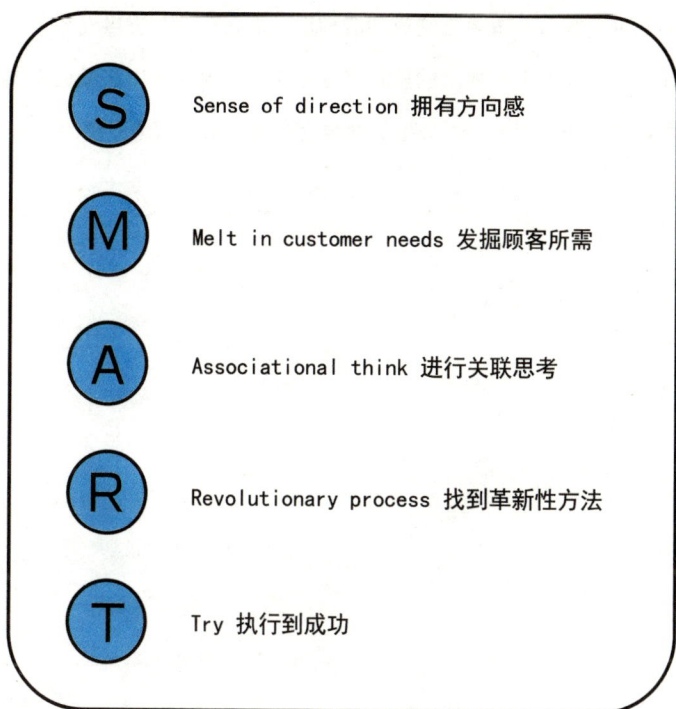

S Sense of direction 拥有方向感

M Melt in customer needs 发掘顾客所需

A Associational think 进行关联思考

R Revolutionary process 找到革新性方法

T Try 执行到成功

首先，你第一步要做的事情是确定符合新潮流的全新改革课题。在执行全新的改革课题时，比起逻辑性的思考，你更多地需要用能包容一切的感性思考将多种多样的状况放在心上，也就是利用关联图进行多样思考，从而想出创意性的构思。等到要在技术上具体去实现新想法时，就要通过逻辑性思考来寻找执行方法。

如果新构思与技术上的具体实现方法都已经摸索得差不多了，就应该马上进入执行阶段。世上没有一步就能登天的事情，所以要有不断重复练习、试验直到成功的韧性。那么在各个阶段究竟要做些什么工作呢？上图所示的就是将 S-M-A-R-T 模式套用在爱迪生发明白炽灯时的事例上（爱迪生的逸事会在第 4 章详细地介绍）。

跳出思维的坑实例之八

打造额外的创意空间

浦项制铁虽然是韩国最具代表性的重工业公司，但却因为它的特殊使命以及重工业本身的特殊性，曾给人沉重而又强硬的企业形象。然而就是这样的浦项制铁，随着民营化的推进也在不断谋求变化，如今已将公司名改为 POSCO，积极参与新事业的开发，以前强硬的形象逐渐变得温和了许多。

2009 年，集团新上任的会长郑俊阳将"创意经营"定为 POSCO 的基本经营方针，并加大力度培养创意性人才。作为其中的一个重要环节，他在首尔本社的公司内部建设了创意文化空间——"POREKA"，打造出了一个全新的创意性环境。

由 POSAC 设计并施工的这个游戏间一共有 1190

平方米，分为休息（Refresh）、娱乐（Fun）、学习（Study）
等空间，在韩国国内的规模是最大的。它不仅为使用
者们提供了休息空间，同时还提供了丰富的游戏与学
习项目。

POREKA 里有可以进行美术、音乐、文学等人文
艺术体验活动的"艺感窗"，还有多人一起共享经验
并创造出全新构思的空间——"大脑淋浴"，而且在
这个拥有完善的隔音设施的"大脑淋浴室"里，还可
以进行乐器演奏、舞蹈、影音视听等各种丰富的活动。
实际上，这里还有种植树木的"自然花园"，而"书
咖啡"里则放置有各个领域的藏书千余本，让大家可
以在轻松的氛围中读书。另外还有"爱心房"、"阁
楼"等休息空间，让你可以坐在靠背椅上或者躺在地
板上陷入沉思，或者谈笑风生。

在利用丰富的游戏与媒体进行创意性大脑游戏的
"趣味场"里，设置有桌子形态的大型触摸显示屏，
不仅可以让员工进行体育、战略、单词组合等游戏项
目，还提供了古典音乐与美术作品欣赏、生活知识信

息等。POSCO 初期为了激活创意力启发项目，将它以
定期项目运营了一年，给予员工们一定的"创意时间
（Creative Time）"，让他们能够不被公司制度所制约，
尽情享用游戏间。

郑俊阳大力支持员工创意性的培养，还在 POREKA
挂上亲自书写的铜板书法，上面写着："创意出自洞
察，洞察则来自观察"。除了创意空间以外，他还制
作了使用指南，让员工们可以自由地利用。为了创造
出能自由利用创意游戏间的条件和氛围，以个人和部
门为单位，特意腾出上班时间专门安排员工使用创意
游戏间。

创意时间方面，POSCO 鼓励每个人在上班时间内
花 4 个小时以上来进行。在这些时间中，两个小时是
用来参与以部门为单位、在创意游戏间进行的创意力
启发项目，剩下的两个小时则可以依靠个人的自律性
自由地利用。创意游戏间除了提供给员工们既能使身
心获得充分休息又能刺激智力的丰富多彩的内容外，
同时还将内部设施与软件配套构成，对于激活那些自

律地利用创意游戏间的员工们的大脑活动而言是非常
有效的。

为了使员工充分休息，公司提供阁楼让他们可以
在独立的空间中进行思考；还打造了绿色花园，可以
听着鸟声或风声边散步边体会、思索；在"书咖啡"
放置一些能够刺激艺术、科学等方面的创意力的图
书；在"爱心房"可以观赏纪录片等视听读物；在"趣
味场"可以进行纸牌游戏等创意性的大脑游戏——这
些都是为了刺激员工们的智力。

特别是"书咖啡"，不仅有畅销书，还有许多
包含丰富视觉内容的书籍，贯通了现有的知识体系，
使员工们可以在短时间内进行创意力的转换。当每个
部门以组织为单位进行创意时间的时候，都会运行一
些在创意力启发专业机构所使用的程序，帮助提高集
团的创意性。这个程序会在创意游戏间内的"大脑淋
浴室"和"艺感窗"中进行。其中在"大脑淋浴室"里，
员工们可以通过个人名片制作、画册制作、UCC与博
客制作、Pecha Kucha 等丰富多样的形式，不断培养

自己的创意性思考能力。而在"艺感窗"里，员工们可以亲身体验美术制图、乐器演奏、电影制作、诗歌创作、写真摄影等人文艺术活动，熟悉创作模式。另外，公司还会以部门为单位组织员工参与人文艺术活动，或者在下班以后针对那些预备职员举行一周一次的特别项目。至于俱乐部活动，则有人文艺术、读书讨论、音乐、文学创作、电影等。当然，除了为俱乐部活动提供空间外，创意游戏间甚至还帮助俱乐部邀请专业讲师或者承办展览会等活动。

04 改变一生的SMART

掌握方向感（Sense of Direction）

爱迪生在思考"怎样发明出一些东西"之前，为了了解将要使用自己发明的那些顾客们的需求，总是先行收集大量信息。即使是再具革命性的发明，如果顾客不领情不去用它，那么这个发明肯定会就此消失。所以，每当在开发新商品之前，都有必要去调查一下这个商品到底符不符合顾客的需求。

爱迪生从书中获得了丰富的信息，年少时就已经将图书馆里的书几乎全部读了一遍，后来创办研究所时，也在自己的个人图书馆摆了多达数万本书籍。另外，他每天早上比任何人都更早地读报纸，尤其不会错过技术类杂志。除了报纸以外，他也不会忘记跟各种各样的人们谈话聊天儿、感知世界的变化。他通过书籍、杂志、报纸、观察以及对话，获得了丰富而又繁多的信息，并将其储存在有关顾客的"知识水库"当中。通过这些储存在知识水库中、数量庞大的信息与知识，爱迪生就可以预测顾客需要的到底是什么，甚至让自己拥有了预测遥远未来的能力。

爱迪生在发明电灯的时候，同样也是先调查信息，力争在第一时间了解顾客的需求。电灯的前身是一种叫作电蜡烛的弧光灯。弧光灯是 1821 年——爱迪生出生前 26 年时，由英国人汉弗莱·戴维发明的。这是一种利用电流在电极之间的流动让电弧发光的灯。可是，因为弧光灯的碳棒很快就会被烧尽，所以要不停地进行更换，这是它的不便之处。更重要的是，它所发出来的光线太弱，不适合在家庭中使用。爱迪生在获取并综合了所有这些信息后，紧接着就开始着手开发能符合顾客需求的完美电灯。

终于，在实验失败无数次之后，爱迪生开发出了符合顾客需求的电灯。他并没有使用原来弧光灯里要不停更换的那个碳棒，而是创新性地开发出了实用的"碳灯丝"，制造出了比弧光灯要亮得多的白炽灯。

另外，爱迪生还创立了电灯公司，致力于电灯的普及，使所有人都能用上电灯。可以说，今天的电气技术能取得如此辉煌的进步，其最大的原因就在于爱迪生以顾客的眼睛发现了弧光灯的缺点并发明出了新的电灯。

发现顾客所需（Melt in Customer Needs）

　　爱迪生在发明事业刚起步的时候，提出了"要不停地探索世界所需要的东西，不要去开发市场上卖不出去的产品"的口号。爱迪生具有各方面的能力，但其中最为突出的能力就是为人们创造出有用产品的能力。除此之外，他所拥有的另外一种能力就是把商品延伸至事业的能力。爱迪生在开发所有产品之前都会缜密地分析其开发后的经济效果，他最为关注的问题是"能卖得好吗"和"能以消费者们支付得起的价格水平供应吗"——这些就是爱迪生的革新课题。他不会去开发人们不需要的产品，他只创造消费者们能购买的革新性商品。

　　爱迪生为了发明白炽灯而努力的时候，他所面临的竞争对手是煤气灯。他把革新目标定为"开发出比煤气灯更方便、更经济、更有竞争力的产品"，潜心研究。他曾经还思考过电流回路根据所需电压的大小应该用串联还是并联，也考虑过电灯泡应该怎么定价才能战胜煤气灯，电费大概是多少等不同角度的各种问题。

　　不管是什么样的企业，即使是那些效益很好的企业，都要有革新课题。因为只有这样整个组织才不至于松散，才能创造出比昨天更美好的今天。爱迪生就是根据自己制订的革新课题，开发市场所需要的产品，并在发明的同时研究"消费者所能接受的方式"和"打败竞争对手的方法"等，于是他总能创造出比别人更领先一步的发明。

进行关联思考（Associational Think）

一般我们在解答科学或者数学问题的时候会很容易疲倦和厌烦。其实，创造出无数发明的爱迪生也是一样。一直埋头于科学或者数学的世界中，是无法想出创意性的点子的，所以爱迪生在研究室里会边听音乐边工作，偶尔还会跟年轻的工程师们聚在一起演奏管风琴，享受音乐带来的乐趣。就像这样，比起以左脑功能为基础的研究活动，爱迪生会更经常地进行促进右脑活动的感性行为。

当时为了发明白炽灯，需要制作用于真空管中的灯丝，于是爱迪生开始遍寻能发光但不发热的材料。刚开始，他以常规的理念用矿物进行实验，但是矿物却有过于发热而不能长时间开灯的缺点。他在这里投入的时间和精力非常巨大，是开发其他产品时所无法相提并论的。他用了超过 1500 种材料，不停地重复着相同的实验。

在这个过程中，爱迪生突然在一瞬间想到，应该扔掉一定要用矿物做材料的固定观念，接着他就对那些可能成功的所有材料进行了关联思考。就这样，他终于将视线转移到了天然材料上。当时他刚好收到了一份圣诞礼物，是一个日本产的竹扇，他还甚至想到把它作为实验材料——实验非常成功，烘烤竹条做出来的碳棒的发光寿命居然有足足 200 小时。于是爱迪生就集中精力调查竹子，了解到全世界约有 1200 种竹子，而现在他所面临的就是要将这 1200 种竹子全部收集起来进行实验。

爱迪生选拔了 20 名研究所职员作为调查队，耗资 10 万美元将他们派往世界各地，而他本人也到西印度群岛的牙买加岛收集各种竹子。蒙古、缅甸、马来西亚半岛、苏门答腊岛、印度、斯里兰卡岛、墨西哥等，只要是有竹子生长的地方，爱迪生的研究调查团就一个不落地都去过。在这一活动中他们不断遭遇各种困难，途中甚至还发生了研究员不幸死亡的事情。就这样，调查队从世界各地收集回来了 6000 余种竹子，经过无数次的实验之后，爱迪生发现日本产的竹子最为优秀。他把一个叫里卡顿的研究员再次派到日本，在一个东京博物馆的植物学家的帮助下，了解到京都产的竹子最好。

得到这个消息的爱迪生就用京都产的竹子继续进行他的实验。结果，安装了以京都产竹子为材料的灯丝的白炽灯照亮了全世界。

那些意欲用逻辑性来解决所有事物的关联性的科学家，还有一些只强调合理性的商人，他们都很难取得创意性的成果。凡事都将逻辑性摆在第一位的话，只会不停地重复同样的事情。只是重复类似的工作，要想诱导出创意性的构思，这几乎可以说是不可能的事情。有时，我们必须结合感性来进行关联思考，以更悠然的态度去看待事物。

找到革新性方法（Revolutionary Process）

　　爱迪生为了制造出既安全又有效的电灯，一直都想着"灯丝一定不能被火烧成灰"。为了寻找即使被火烧几个小时也不会变成灰的新物质，他将所有的想象力总动员起来，整整花了 1 年的时间让 30 多名研究员拿 1500 种竹子去做实验。起初，爱迪生并没有使用细细的碳棒，而是先将耐热物质制作成灯丝的形状，再尝试将其碳化。刚开始进行实验时用的是碳化了的纸，但是因为当时的真空泵制作出来的真空球并没有将氧气彻底去除，所以碰到了技术上的限制而以失败告终。

　　就这样在重复了多次失败之后，爱迪生在一次偶然的机会中用价格昂贵的白金制作了灯丝，发现从这个灯丝发出了 4 瓦左右的亮光。之后在将技术进一步提高之后，把灯泡内的空气完全抽光形成真空状态，它的亮光变到了 25 瓦。因这次灯丝实验的成功，爱迪生才得以在 1879 年 4 月获得了美国专利。可是，因为用昂贵的白金无法制作出具有实用性的电灯泡，所以他又重新开始寻找价格低廉的材料。

那天也是为了制作出实用性的电灯泡，他熬了一整夜直到黎明。爱迪生表情恍惚地发着呆，突然他看到放在书桌角落里的、用柱石混合而成的东西。仔细一看，那是制作放在电话机送话器里的碳粉颗粒时所使用过的物质。爱迪生从那里得到灵感，将棉线与柱石混合以后，截成合适的长度，弯曲成像发卡一样的马蹄形，烧成了碳化灯丝。接下来，他把电灯泡内的空气抽干，将气压降到一百万分之一，再使电流通过，结果电灯泡发出了亮光，而且这个电灯泡的寿命长达 45 小时，这在当时可以说是划时代的创造。

回头再看，爱迪生为了发明出具有 45 小时寿命的电灯泡所需要的其实只是技术上的具体实现。起初之所以未能发明出烧不断的灯丝，是因为当时的真空泵制作来的真空球并非完全真空，还有些许氧气。而之后他能够从失败中站起来，发明出具有 45 小时寿命的电灯泡，是因为那时候已经有了能将电灯泡内的空气抽干、把气压降到一百万分之一的技术。

所有的创意性构思都只有在那个时代的技术跟得上的时候才有可能得到实现。所以在构思创意性的想法之前，有必要先考虑一下以现在的技术能力能不能实现现在我所想到的东西。

试行到成功（Try）

　　"一定要让消费者们的日常生活更便利、更快捷"，爱迪生一直都带着这种决心去创造、发明产品。发明白炽灯的时候也一样，他并非只是创造出电灯泡而已。为了能让电灯泡在普通家庭中点亮，他研制了发电装置并创立了电力公司。另外，为了让电力能供应到工厂、家庭，他还开创了架电线系统，因为他认为只有这样消费者们的日常生活才能变得更快捷。在那之后，他也没有将脚步停滞在点亮电灯泡之上，而是不停地根据人们的需求，发明了开关、灯头、保险丝、电线、排线板、发电机等产品。制作开关他也非常讲究，为了使任何人都能轻松地开关电灯，他将开关设计得非常简单。他的想法就是要让使用者们"用眼睛一看，瞬间就能知道其使用方法"，无须多做任何说明。因此，爱迪生推出的商品从来不会附加厚厚的使用说明书或者操作要领书。即便只是创造一个简单的发明，他也都会站在使用者的立场上重新考虑问题。

　　即使开发者自认为优秀的作品，但在顾客立场上来看有可能并不具备什么吸引力。这就是为什么有无数的新产品向市场推出，但却不是所有的都会成功。技术者或者供应商们经常因为太过热爱自己创造出来的产品，因而会犯下看不到产品的决定性缺陷的错误。如果你想到了好点子，第一时间就应该站到顾客的立场上去想一想。

· 这个构思符合最初设定的目标吗？

· 这个符合顾客的需求吗？

· 这个比现有的其他产品更具新意吗？

· 这个跟对手公司的有区别吗？

· 这个对顾客们来说有价值吗？

· 这个对顾客们来说使用起来方便吗？

· 除了这个方法，还有没有别的方法？

因为不论是什么样的产品或者服务，都要在市场中被顾客们选择、要战胜对手公司，所以非常有必要以顾客的观点重新审视一下。爱迪生所说的目标——"一定要让消费者们的日常生活更便利、更快捷"并不是那么轻易就能达到的。为了创造出那样的产品，需要付出比制作一般产品时更多的努力。因此，爱迪生留下了这样的话："想让一个想法开花结果，得需要 5 ～ 7 年左右的时间。有时甚至可能需要长达 25 年的时间。但是，不管在什么样的情况下，都绝对不能放弃。做实验吧，做实验吧，然后再做实验吧！"

爱迪生是位著名的发明家，但在发明家之前，他首先是一位充满创意的企业家（他是多国企业 GE——通用电气的创始人），"创造"

出了狂热的顾客。他那创意性的头脑曾在 24 小时内企划了 8 种商品，也曾对一种问题进行了 48 种解答。在 84 年的时间里，他一共获得了 1083 项专利，其研究领域甚至包括了水泥、留声机、电力基础建设、战时防御系统等。

跳出思维的坑实例之九

谷歌成功路上的秘密

世界上最大的搜索引擎公司——谷歌位于美国加利福尼亚州旧金山南边的山景城（Mountainview）。第一眼看上去，人们会觉得这里"与其说是公司，倒不如说是个研究所或者大学校园"。可是一旦进到公司里面，就会发现到处都是来来往往的人群，看起来非常自由自在。他们就是在谷歌这样的世界级企业中受到最好待遇的计算机工程师们。在这里，运动场到处可见，所以你要是想享受一下足球、排球、乒乓球、网球、轮滑、曲棍球等运动所带来的快乐，是完全没有任何问题的。谷歌员工们的就餐时间也非常特别。员工们可以在位于公司内不同地方的 11 个食堂中，任意选择自己喜欢的口味来吃，而且还可以随时在散布于公司内部的各个快餐间里享用水果和点心。

斯坦福大学的组织行动学教授杰佛瑞·菲佛提到："谷歌优秀的工作环境和企业文化对生产性的提高有很大贡献。"并强调这就是"刺激谷歌成功的重要因素"。

谷歌努力在公司内部形成一个创意性的环境。跟其他公司给每 7 名部门人员配备 1 名管理者不同，在谷歌中 1 名管理者要管理 20 名一般职员，把更多的权限委托给职员们。这同样也是打造创意性环境的一个重要环节，因为在那些有很多管理者的组织里，员工的思想只会被上、下级关系挤压而变得呆板。所以，谷歌将更多的权限交给职员们而不是管理者，很自然地提供着可以产生很多创意性构思的环境。

서른법칙

第 4 章

跳出思维的坑：40 种原理把握属于自己的成功

　　无论读多少书，积累多少经验，一个人所能拥有的信息和知识，相对于世界上所有的信息和知识而言，有可能都不到 1%。如果人只满足于 1% 的信息和知识，那么这 1% 的信息和知识将不会是"促进发展的知识"，而是"危害自身的固有观念"。一直停留在 1% 的知识面上，就等于你放弃了你所不知道的 99% 的多样化的知识。而创意能打破 1% 的固有观念，它能让你对 99% 的多样化知识的展望变得更切实际。

　　当你被 1% 的固有观念所围住，不能摆脱固有思维模式时，引导创意性的 40 种原理会帮你想出更多好主意。我们可以将世界上的各类创意分为自然中的创意原理、艺术中的创意原理、建筑中的创意原理和生活中的创意原理这 40 种，只要我们能好好使用这些工具，就能更好地展望世界上 99% 的知识面。

01 分开

变色龙的另一个眼睛

在种类繁多的动物中，有被称为"变身鬼才"的变色龙
（Chameleon）。变色龙是身长只有20～30厘米的小动物，但因
为拥有着良好的环境适应能力，即使在野兽聚集的丛林中也能存活
下来。不像其他那些只有一种保护色或伪装色的动物，变色龙可以
根据周边环境和状况，自由自在地变换自己的肤色：周围有很多树
枝的时候它就变为黄色，有很多叶子或草的时候就变为绿色——以
此来避开天敌并保护自己。变色龙高超的伪装术也用在捕食的时候，
它把自己伪装得很难被其他生物发现，并且一动不动地待在一个地
方，直到捕猎目标进入到它的捕猎雷达网，便伸出比整个身子还要
长的舌头，在一瞬间将猎物捕获。

和环境适应能力一样，变色龙躲避危险的能力也非常高超。它
的双眼能够转动360°，这样就能同时看到前后方。如果集中精力
在捕猎上，却看不到身后的敌人，就很有可能被立即吃掉。所以，
变色龙的眼睛分为两个功能，一只眼用于捕猎，另一只眼用于观察
身后随时可能出现的危险，保护自己的生命安全。

原理

> 分割或分离。
>
> 分为独立的下一级系统。
>
> 使组装和分解更容易。

应用事例：任天堂 DS 的一分为二的画面

任天堂（Nintendo）原来是世界第一的游戏公司，但后来因为索尼和微软被挤到了第三位，使任天堂陷入了前所未有的困境当中。为了开发出新概念游戏机，他们分析了主要消费群，发现他们一直以来所生产的机器只是针对游戏狂的高性能机器而已。因此，任天堂决定针对迄今为止都没玩过游戏的成人或者女性开发新的游戏机。但是，问题在于那些没有玩过游戏的人对游戏操作并不熟练。于是任天堂想出了让这些人群更容易进行操作的方法——将画面一分为二，其中一个画面专门用来提示操作方法。一个画面讲解操作方法，另一个画面则用来进行游戏，这种将功能分成两部分的形式即使是初学者也能很快上手，充分享受游戏带来的快乐。

02 挑出来

金德洙的四物游戏

韩国作为农耕民族，自古以来都以农业为主。因为农耕是集体活儿，为了能一起愉快地耕作，便出现了"农乐"这一概念。在播种、收获以及祈求丰收或者庆祝的时候，整个村子的人们将长鼓、锣、鼓、手锣、长笛、小鼓等民俗乐器总动员起来，聚在一起享受农乐。后来，甚至还出现了专门演奏农乐的帮派，其中最具代表性的就是"男寺堂派"。

金德洙从5岁开始就跟着带领"男寺堂派"的爸爸巡游全国进行公演。他很早就被发现颇有天赋，7岁时还在全国农乐大会上获得大总统奖，被大家叫作小神童。但是随着时代的发展，农耕被机械所替代，娱乐文化也渐渐被西方化，人们对农乐和风物的关注也随之淡薄。金德洙苦恼于怎样才能闯过这一难关，经过一番苦思之后，他开始钻研能在室内进行风物演奏的方法。最终，他从原有的农乐乐器中只挑出长鼓、鼓、手锣、锣，开始在室内进行演奏。因为只用四种乐器，所以也被称为"四物游戏"。我们所熟知的"四物游戏"这一概念就是金德洙想出来的。1978年，四物游戏在大学路的小剧场里初次上演，直至今日，它还一直维持着自己旺盛的生命力，受到大众的欢迎。

原理

把不必要的部分或者特性挑出来。

把必要的部分特性挑出来。

应用事例：没有动物秀的"太阳马戏团"

一直以来马戏团跟动物都是分不开的，以至于一听到马戏团人们就马上联想到大象等很多动物。而打破了这一规律的就是加拿大的"太阳马戏团"。太阳马戏团原本是没什么可看的街头小剧团。但是 1982 年，这个加拿大魁北克小镇的街头剧团"高跷俱乐部，The Club des Talons Hauts"（高跟鞋俱乐部，The High Heels Club）为了在过去的马戏团基础上有所创新，想到即使马戏团里没有动物秀，只要有会走钢丝的人就没问题，于是他们便开始策划没有动物秀的马戏团。终于，1984 年太阳马戏团以全新的面貌诞生了。他们召集了奥运会体操运动员出身的演员，替代动物秀，推出了创意与艺术相结合的艺术马戏团。现在，太阳马戏团还在全世界巡回演出，它的营业额高达一兆韩元，全世界有 8000 万人曾观看过他们极具人气的演出。

03 局部最佳化

捕获丝，蜘蛛的蜘蛛网

现在所有的蜘蛛都靠织网来捕获食物，但是在很久以前，蜘蛛也是像蚂蚱一样跳着捕食的。那时候它们织网并不是为了捕食，只是为了产卵才在树叶上进行小范围的织网。后来蜘蛛发现其他昆虫飞过蜘蛛网时会掉进自己织的网中不能动弹，于是蜘蛛就开始加强织网的能力。就这样，那些跳来跳去进行捕食的蜘蛛数量变得越来越少，而织出精致的蜘蛛网来进行捕食的蜘蛛开始大量繁殖。

跟蜻蜓、蝴蝶一样，蜘蛛一般都吃些小昆虫，但只要是掉进自己网中的东西，即使是像小老鼠或者小鸟一样相对它们而言块头儿巨大的动物，蜘蛛也都会吃掉。小小的蜘蛛之所以能轻易抓到比自己块头儿大的食物，都是靠它黏性强的"捕获丝"——蜘蛛丝。蜘蛛用肚子下面的三对丝穴来织网，用于自身移动的蜘蛛丝会比较光滑，相反用于捕食猎物的蜘蛛丝黏性则非常强，以保证猎物无法逃脱。就这样，蜘蛛为了不那么辛苦地跳来跳去，为了能在一定范围内布下蜘蛛网来轻松捕食，便将自己相应的能力进行了最佳化。也就是说，蜘蛛打造出了一个局部最佳化的系统，而不再满世界到处跑了。

原理

把状况或环境从同质状态转变为非同质状态。

让各个部位执行不同的功能。

使各个部位都处于最佳工作状态。

应用事例：诺基亚——发展中国家专用手机

不久之前，韩国产的手机虽然在技术和设计方面处于世界最高水平，但是市场占有率却一直低于诺基亚。然而三星电子和 LG 电子并不在意市场占有率，转而主攻高级手机产品，展开了开辟欧美市场的战略。相反这个时候诺基亚却生产出低端手机抢占了中国、印度等发展中国家的市场。跟韩国手机生产商的高端、高价位手机不同，诺基亚根据发展中国家印度和中国的实际情况，开发出了只具备基本功能、价位在 30~50 美元左右的低端手机。总的来说，诺基亚适应了中国和印度的实际情况，而三星、LG 则适应欧美的实际情况，都是采用了局部最佳化的战略，各自提高自己的市场占有率。

04 特殊化

长颈鹿脖子长的原因

所有植物都会干枯的非洲大草原的旱季，不论对食肉动物还是对食草动物来说都是十分难熬的时期。特别是像瞪羚、羚羊、斑马、角马一样的食草动物，每到这个时候就不得不为寻找新的草原而舍命尝试大迁徙。因为在雨季，草原上到处都是绿草，食物丰富，但到了旱季，草原干枯，食物缺乏，饿死的动物遍地都是。

每逢旱季，草食动物们都要上演一次大迁徙，但是唯独有一种动物例外。长颈鹿需要喝的水不多，光靠从草叶中补充到的水分就能支撑一个月以上。旱季虽然是万物枯萎，但是也会有一些根深的大树，在高处留有一些含有水分的绿叶，长颈鹿就可以靠它特有的长脖子摘取这些剩下的叶子来吃，所以不用进行大迁徙也能熬过旱季。长久以来，长颈鹿为了在旱季里生存下来，专门抢占别的食草动物连看都看不到的大树高处，经历了一个脖子长度不断变长的进化过程，终于成为了身长 6 米、陆地上最高的动物。

原理

创造出跟现在不一样的特殊性。

把对称型变为不对称型。

应用事例：韩国和日本的最高层竞争

直到 1990 年，韩国建筑虽然在施工能力上得到了世界的认可，但是在技术方面还是有所不足。就在这个时期，马来西亚政府在建造 80 层双塔的时候，把其中一个交给韩国，另一个交给日本，声称要给建造得更快的一方奖励。这场竞争直到最后才决出胜负。令人惊讶的是，韩国成了赢家。

在这里起到关键作用的就是"塔式起重机"。在进行高层部分的建筑施工时，日本方面认为空间比较狭小，便只用一台起重机。但是韩国方面却继续使用两台，自然比日本更早完工。韩国方面到底是怎样解决空间狭小的问题的呢？原来韩国方面重新调整了两台起重机的机身高度，使两台机器能够在狭小的空间中互不重叠，让继续施工成为可能。把两台塔式起重机的高度设置成不对称的，这就是韩国在这场速度战中获得胜利的秘诀。

05 同时进行

披头士乐队的特殊化战略

在大众音乐方面，能像披头士（Beatles）乐队一样发挥超强影响力、吸引大众眼球的歌手（乐队）可以说是前无古人，后无来者。披头士乐队光是在音乐排行榜上排行第一的歌曲就多达 20 首，是迄今为止拥有排行第一最多的一个乐队。除此之外，他们还发表过 50 多首 TOP40 上排行前位的单曲，在商业上获得了巨大成功，全世界范围内总计卖出了 10 亿张以上的专辑，而这个伟大乐队的开始便是住在英国一个小港口城市的叫约翰·列侬的青年。

约翰最初开始活动是在地下咖啡屋创立了一个叫"采矿人"的组合。有一天，约翰经朋友介绍认识了保罗·麦卡特尼。后来，乔治·哈里森和林戈·斯塔尔相继加入，1958 年这四人便以"披头士"的名字开始历史性的新出发。披头士乐队拥有出色的演奏实力与演唱能力，而且在作曲方面也非常出色。他们自己制作自己所追求的音乐，亲自演唱他们自己创作出来的歌曲。虽然现在也有自己同时包揽演奏、作曲、演唱的歌手，但是在披头士之前却并非如此。当时，披头士乐队的特殊之处就在于他们是同时进行演奏、演唱、作曲，正是这种特别之处，让包括 90% 的英国国民在内的全世界无数听众成为了披头士乐队的歌迷。

原理

将相同或类似的功能整合在一起。

将互相关联的功能结合在一起。

应用事例：星巴克的咖啡师

在过去，咖啡屋里的业务可以说是彻底分工化的。走进一家咖啡屋，首先会有专门负责点单的服务员过来问喝什么样的咖啡，然后把点单内容告诉厨房里制作咖啡的工作人员。另外，喝完咖啡会有专门的结账人员过来结账，当然，还有专门管理大厅的工作人员打扫卫生并进行整理。

但是世界级咖啡品牌——星巴克（Starbucks）却引进了咖啡师（Barista）制度，将上述所有的过程整合起来交给一个人进行。咖啡师会接受客人的点单，还会制作咖啡，而且也会管理咖啡屋，把过去四个人来做的工作，整合起来由一个人全部完成。当然，如果客人太多以至于一个咖啡师忙不过来，就会采取一个接一个地增加咖啡师的方式来分摊这些工作。

06 将各种功能合为一体

雷内·马格利特的想象力

比利时的雷内·马格利特是位超现实主义的画家。《冬雨》是他的代表作，也是他最有名的作品之一，是表现了现代社会的悲哀——匿名性和划一性的作品。据说，马格利特是望着冬天落下的冬雨（即雪）画出了这幅画。一眼扫过去，画面上都是戴着绅士帽、穿着黑色外套的人，但是仔细看就会发现每个人都摆着各自不一样的姿势。画中有打着雨伞的人、提着包的人、把手插进外套口袋里的人、看着正面的人、侧身站着的人、背对着站着的人等，每个人都有些不一样的地方。画家就是这样在同一幅画里镶嵌了不同的人物，以此来刺激欣赏这幅画的人的想象力。

原理

整合同种性质或类似的功能。

应用事例：马盖先（Macgyver）的刀

瑞士的维多利亚诺克斯公司在设立初期专门制造厨房用刀、剃须刀、外科手术刀等刀具。而到了 1891 年，因为要向瑞士军队供应刀具，这让维多利亚诺克斯陷入了困扰之中。因为在激烈的战场中穿梭的军人们要携带的东西已经太多了，无法再承受额外的重量。这时有人就提出了把所有东西都整合起来的想法。为了让军人们携带起来更方便，于是人们便将包括刀在内的其他几种道具都整合起来使体积缩小，就此诞生了被称作"马盖先（Macgyver）之刀"的瑞士军刀（Swiss Army Knife）。瑞士军刀中包括刀、开瓶器、剪刀、软木塞螺丝杆、改锥、放大镜、尺子、修剪海鲜的刀、针、牙签、线、创可贴等。

07 配对

套娃（Matryoshka）

套娃（俄语：Матрёшка）是俄罗斯人从日本纪念品中得到灵感，大约于 1890 年时制造出来的木质娃娃。娃娃的身体里装有比它小一点儿的另一个娃娃，并重复 6 次以上，可以说是一个形态非常有趣的箱子。

娃娃基本上会被画成女人的样子，也有总统等知名人士的变形。1990 年，套娃逐渐成为了俄罗斯民间工艺品和礼品。走在莫斯科的大街小巷，可以看到很多专门为外国旅客制作的套娃，譬如以电影人物和迪斯尼漫画为主题的，以及一些像披头士乐队一样的大众音乐家或像迈克尔·乔丹一样的体育明星为模板的套娃。当年，克林顿总统和莫妮卡·莱温斯基的绯闻闹得沸沸扬扬的时候，有一种套娃因为在克林顿模样的娃娃里面装有莫妮卡·莱温斯基而大受欢迎。

原理

把一个个体装进另一个个体里面。

让一个个体通过另一个个体。

应用事例：叫作"艺齿科"的医院品牌

大企业的员工和部门一般都很多，所以可以大胆地进行广告费
用的投资，然而对中小企业来说，却很难在市场营销方面投入资金，
因为很多中、小企业所担心的头等大事还是发放员工工资的问题。
这种现象在医院尤为突出。比如一家小规模的牙科医院，就只有一
位医生和两位卫生工作人员，显然市场营销这种事情是想都不敢想
的。但是"艺齿科"却彻底打破了这种固定观念。"艺齿科"从
1990 年年初开始就采用了多家牙科医院共同合作的经营模式，也就
是把一个个体装进另一个个体的方式。随着艺齿科品牌营销方式的
成功，已有的其他牙科医院都非常希望借用艺齿科的品牌。就这样，
艺齿科用共同使用品牌的方式，与其他牙科医院一起携手合作，使
其可以在市场营销上进行越来越大胆的投资。

08 激活开放性

活火山的缆车，Funiculi Funicula

在意大利那不勒斯东部，距离 12 公里的地方有座叫维苏威（Vesuvio）的火山。为了能让这座曾出现在电影《庞培城的末日》里的火山成为旅游胜地，1980 年人们在这里安装了缆车。但是因为缆车通往火山顶部，旅客们都感到不安，又害怕缆车不安全，所以旅客们都拒绝乘坐缆车。安装缆车的托马斯·库克在烦恼很久之后，想到了用音乐来消除旅客们的不安心理。于是他请来当时在那不勒斯当新闻记者的约瑟夫·图鲁克作词，作曲则由当时在伦敦大学当音乐教授的那不勒斯人路易斯·德恩查来负责。路易斯·德恩查谱写了轻快的《那不勒斯变奏曲》，而约瑟夫·图鲁克编写了歌曲《登山缆车》（*Funiculi Funicula*），其中，Funicula 就是缆车（Funicolare）的意思。

"喷着红色火焰的那座山 ｜ 那是矗立在地狱中的地方 ｜ 登上缆车去看看吧 ｜ 那烟雾在向我们招手！"

这首轻快的歌谣在意大利歌谣节上一亮相就人气暴涨。当然，缆车从此也是人满为患。

原理

结合上升力来激活。

利用一切力量激活停滞倾向。

应用事例：《冬季恋歌》里的南怡岛

被称为产品间接广告（Product Placement）的 PPL 是指向电影或电视剧赞助商品，用比广告更为自然的方式推销自己公司的产品。

南怡岛的历史是从 20 世纪 60 年代中期开始的，直到 90 年代那里还只是休闲客们的游乐场和大学生们的聚会村而已，普通人早已感受不到南怡岛的任何魅力了。在经历了经营危机之后，人们曾尝试过一次巨大的改变，把南怡岛还原成原来的自然状态。但即使这样依然收效甚微，且因长期赤字也无法拨款进行广告。刚好这个时候，KBS 电视台《冬季恋歌》摄制组来这个地方考察现场，南怡岛的代表姜宇贤就表示他们将会积极协助拍摄活动，于是《冬季恋歌》的大部分场景得以在此拍摄，并随着电视剧的播出产生了巨大的广告效应。从此，南怡岛就变成了一个每年有近 200 万旅客来往的文化旅游胜地。韩国最知名的济州岛每年的旅客流量是 500 万，相比之下，只能说南怡岛取得的成功实在是太了不起了。

09 提早往反方向采取措施

海顿的《告别交响曲》

弗朗茨·约瑟夫·海顿（Franz joseph Haydn）是 18 世纪后半期奥地利维也纳古典乐派的代表性作曲家，被称为"交响乐之父"。他曾是宫廷乐团的团长，因为宫廷内空间不足，只允许包括团长在内的四名团员与家人同居，而其余团员只能独身留在宫内。当然，团员们会经常向海顿提议，希望能解决他们与家人分居的不便。于是，海顿创作了一首特别的交响曲，在每支曲子结尾部分，乐师们结束演奏后就一个个吹灭蜡烛，拿着乐器退场；并在演奏的最后阶段只留两人凄凉地演奏，表达出团员们渴望与家人团聚的迫切心情。他所创造出来的这首曲子就是《告别交响曲》。刚开始它其实并不叫《告别交响曲》，但后来他们的赞助者——艾斯特哈茨公爵听到这首曲子，并理解了团员们想回到故乡的心情，就将其命名为"告别"。

原理

为了消除有害效应提早采取反向措施。

提早给予反作用力。

应用事例：配电设施中的多余电线

配电设施一旦安装好以后其寿命至少必须达到 100 年以上。对于城市里的配电设施来说，维持 100 年的寿命并不是件难事，问题是那些安装在山顶上的送电塔。如果要在山顶上连接电线，那么就要夏天经得起酷热的太阳，冬天经得住极度的寒冷。所以人们在安装配电设施时，会使用一个叫"绝缘子"的东西。太阳暴晒的时候电线会受热膨胀，而气温过低时电线又会收缩，但安装了绝缘子后，在这些情况下电线的膨胀和收缩都会得到缓冲。天气与气温的变化会导致电线的膨胀和收缩，而绝缘子就刚好起到与之相反的作用，从而延长了电线的寿命。

10　提前采取措施

橡子有壳的原因

　　橡子树是在韩国任何一座山上都能见到的树，所以可想而知它的繁殖能力非常强。橡子属于坚果类，外面有坚硬而又光滑的果皮，里面则有一个块状的种子。这种果实富含淀粉，所以也是松鼠爱吃的食物。为了不成为松鼠的食物，橡子不停地进化，用厚厚的外壳保护自己。这样一来松鼠就不能剥掉橡子的外壳，也就无法吃掉橡子了。

　　可是，坚硬的外壳虽然让橡子不再成为松鼠的食物，但是因为难以发芽，也给它们带来了个体繁殖上的问题。而外壳比较薄的橡子在繁殖时却可以轻易地脱掉外壳，而且也不会马上成为松鼠的食物。因为松鼠有个特别的习惯，它们不会将橡子马上吃掉，而是会把橡子藏在叶子里面，过段时间再吃。松鼠常常会记不得自己把橡子藏在哪里，埋在叶子里的橡子就开始发芽、繁殖。于是橡子树就开始利用松鼠的这种习性来进行繁殖，为了成为松鼠喜爱的食物，继续不停地进化，让自己的外壳变得越来越薄。

原理

提前实施所需要的措施。

应用事例：网上预约服务

经常去海外旅游的人应该都曾遇到过这样的事情：为了乘坐飞机进入机场大厅后，一眼就看到人们排着很长的队伍等着检票和安排座位，不知不觉地就会长叹一口气。但是如果不想让乘客们排这么长的队，就要增加检票柜台，这样肯定会增加航空公司的费用负担，所以也不是可以轻易改善的事项。在寻找可以让乘客们在到达机场之前提前进行检票业务的方法时，航空公司想到了可以利用网络来解决这一问题——利用网络提前结完账，在机场让自动座位分配机来负责座位安排业务。这样乘客们既不用排那么长的队，航空公司也不用增加柜台，从而减少了追加费用的负担。

11　提早预防

适应沙漠的骆驼

　　骆驼只吃带刺植物或者干草之类的食物就能好好地活下去，而其他动物却吃不了这些糟糕的食物。它的驼峰中储存着脂肪，一旦遇到周边环境很差的情况，就利用储存下来的脂肪存活。而且，虽然骆驼体内的水分会随着时间逐渐减少，但只要它们喝上100升左右的水就可以在10分钟内把失去的水分补回来，所以即使它几天不喝水也能够生存下来。其他动物如果短时间内一次性地大量摄取水分，就会诱发体内严重的渗透压问题而死掉，但是骆驼因为已经适应了炎热的沙漠环境，其体内结构的特殊性使它能喝大量的水而不会有任何问题。也正因为这一点，骆驼在沙漠中可以活得比任何动物都好。

原理

提早采取安全及预防措施。

应用事例：汽车的安全气囊

我们现在活在一个没有汽车就无法移动的时代，所以每个人都暴露在交通事故的危险当中。因此为了应对车祸的发生，安全气囊就是必备的。安全气囊会在汽车发生车祸时因冲击而瞬间膨胀，是为了在乘客与汽车之间起到缓冲作用，预防受伤、挽救生命而发明出来的。1968年，艾伦·波利特发明了世界上第一个利用电子安全气囊系统的汽车传感器和安全系统。之后，安全气囊经过多次改造，不仅设置在驾驶位，而且还设置在后座，来应对多个方向可能发生的车祸。

12 利用有效资源

出现在西山防潮堤的废弃油船

在建设事业热火朝天的 1970 年，现代集团曾经设想填海造田的工程。鉴于当时国内农田不足的状况，政府在 1979 年同意了现代集团在西山的一处海域进行填海造陆的工程。1980 年，连接洪城郡西部和太安郡南部的堤防工程开始了。从这两个地方分别开始筑建堤防，一直建到中间地段后，因为西海的潮水从堤防之间的小通道流过，辛辛苦苦建起来的堤防被一次又一次地冲走。无论建多少次都会被潮水冲走，光靠当时的土木技术根本无法解决这一问题。这时，来视察现场的现代集团的社长郑洙永心想，不能让计划多年的填海事业毁于一旦，便以这种悲壮的心情提出了突破性的建议。他想到在涨潮的时候拖来身长 332 米的废弃油船，搁置于堤防两侧，在退潮时油船就会搁浅于堤坝上，起到一个放水塞的作用。郑洙永的这一想法获得了意想不到的成功，最终使堤防顺利完成。郑洙永利用废弃资源成功地挡住了海水，由此创造出了叫作"油船攻略"的新方法。

原理

利用有效资源改变环境。

应用事例：电视网购频道

过去，全职主妇们想购物却因为要照顾孩子而不能随心所欲。而让销售商能够向主妇们卖出商品，又能解放主妇们购物欲望的正是电视网购频道。电视网购频道一推出，不出意料地就受到了主妇们的热烈欢迎。而且通过电视画面可以展示真实的商品，加上电视购物推销员还在一旁直接说明商品的好用性，这让销售量更是直线上升。虽然谁都没有想过有一天可以通过电视进行购物，但销售商们很好地把握住了主妇们的需求，便利用电视这个有效资源，创造出了"电视网购"这一新概念。

13 尝试倒着来

飞翔的企鹅

虽然企鹅能忍受零下 40 ～ 50 摄氏度的极度寒冷，是南极唯一的鸟类动物，但现在世界各地任何一个动物园中都有，所以就不再具有什么稀有性了。于是位于日本北海道的旭山动物园就研究，怎样才能将没什么人气的企鹅更有趣地展示给游客。他们建造了一个巨大的水族馆，让企鹅能够自由地游泳，然后又在水族馆下面开通了一条透明的塑料隧道，这样游客们站在水族馆下面的这个通道往上看时，游泳的企鹅看起来就会像是在飞翔一般。只是将游客们的位置倒转了一下，就使得企鹅游泳的样子看起来像在飞翔。也就是说，当产品缺乏稀有价值或特殊性时，我们就可以主动去赋予其新的稀有性。

原理

实施相反作用。

固定可移动部分，移动固定的部分。

旋转或者翻转。

应用事例：都市中的滑雪比赛

2009 年 12 月的一天，足足有 6.5 万多名市民突然向首尔的光化门聚集。因为这一天，光化门的广场上搭起了一座高 34 米、长100 米的滑雪场。原本只有在山上才能见到的滑雪场竟然建在了首尔市中心，并且还举办了国际滑雪比赛，这不得不令所有人大吃一惊。滑雪其实并不是什么大众化的人气运动，但却因为在首尔市中心举办比赛而成为了热门话题。这次赛事受到了全世界的关注，成为了提升大韩民国品牌价值的垫脚石，也成为了向世人介绍韩国、首尔和滑雪的宝贵机会。

14　改变传统观念

盖茨黑德的曲线桥

位于英国东北角的盖茨黑德（Gateshead）市是个拥有 20 万人口的小城市，虽然煤炭、钢铁、造船业等传统产业比较发达，但进入 20 世纪 80 年代后半期后，由于产业结构的变化，就业、医疗、教育等都陷入了极差的状态，所以不得不从 1980 年开始城市再生计划。他们把"以文化为基础的城市再生（Cultural Urban Regeneration）"定为主题，着手将矿业城市改变成文化城市。首先，他们制作了代表城市的象征性雕塑，又建造了流过市中心的清澈小河以及与风景相呼应的小桥。而且它并非是平凡的小桥，这座小桥被设计成曲线，充满着艺术气息，白天可以让行人们从桥面上通过，到了晚上则可以将整座桥升起来，看起来就像闭着的眼睛慢慢睁开。这座能眨眼的小桥在白天看起来非常漂亮，而为了让它在晚上更灿烂夺目，设计者还别具用心地设计了夜间照明装置。这座创意来自人的眼皮的美丽小桥名叫千禧桥（Milienium Bridge），就是用这种打破常规的方法，盖茨黑德在不破坏环境的前提下使城市开发成为可能，将环境与文化同时提升到了一个新的高度。

原理

把直线改变为曲线，把平面改变为曲面，把立方体改变为球形。
把直线运动改变为旋转运动。

应用事例：马赛步行鞋

提到运动鞋，人们通常都会想到日常生活中穿的休闲鞋或者运动时穿的运动鞋，但是现在也逐渐出现了一些具有各种特别功能的功能鞋。一个专门研究鞋的德国人在研究世界各国的步行习惯时发现，非洲的马赛族人中很少有神经痛患者。原来马赛族人走路都是直立步行，所以他想到，如果像马赛族一样直立步行可能对关节和脊柱的健康都会有好处。为了使有神经痛或者关节、脊柱有问题的人能够通过直立步行得到治疗，他把鞋底设计成曲线型。就这样，打破固定性质或固定观念后，把直线改变为曲线的构思创造出了曲线鞋底的"马赛鞋"。

15 赋予部分自律权

爵士乐演奏

　　爵士乐的节奏、声音以及蓝调和声都出自非洲音乐和美国黑人特有的乐感，而其使用的乐器、曲调以及和声则延续了欧洲的传统手法。爵士乐的魅力在于自律。就像混合了非洲、美国、欧洲等多个国家的音乐一样，爵士乐除了承认音乐本身的自律性以外，也彰显了演奏者个人的自律性。所以，爵士乐演奏者虽然是按乐谱来演奏，但是为了表达出自己的感情，经常会从不同的角度诠释乐谱，使即兴演奏成为可能。演奏者们被赋予了部分自律权，于是便能够根据乐曲的氛围，进行创意性演奏。

原理

在不同的状况下，也可以发挥出最高实力。

给予自律权来打破固定思维。

应用事例：3M 的 15% 定律

自律性工作的效率肯定比在别人的压力下工作更好。推出了透明胶带、便条贴纸等无数畅销商品的 3M 公司因给予其员工充分的自律权而出名。3M 有一个叫"15% 规则（15% Rule）"的定律。这个制度是指员工可以在自己的业务时间中抽出 15% 左右的时间，做任何工作以外的自己想做的事情。在这 15% 的时间里，员工们不仅可以自律性地做一些自己想做的事情，并且能想出更多创意性的构思，进行一些新的尝试。

16 进行极端思考

古斯塔夫·克里姆特的华丽画幅

古斯塔夫·克里姆特是名著名的画家，特别是以用华丽的金色来画女人而闻名。从奥地利维也纳的美术工艺学校毕业后，他深受历史主义的感染，把东方装饰画风和抽象化概念融合在一起，综合运用了 Pempera、金箔儿、银箔儿等丰富多彩而又极具独创性的技法。假如他也像大部分其他画家一样只是把肉眼所看到的事物表现出来，可能就不会被称作伟大的画家，也不会留在人们的记忆当中。但古斯塔夫·克里姆特选择了一条独创的道路，从而成为了一位伟大的画家。古斯塔夫·克里姆特主要是画维也纳上层社会女性们的肖像画，但他并不是把女性的美适当地表现出来，而是对异形的美、金箔儿为服装和装饰进行极大化，开辟了华丽而唯美的美术领域之始。

原理

过度或不足。

用过度或不足的方法解决问题。

应用事例：印度的超低价汽车——"塔塔"

拥有 12 亿人口的印度是人口大国，因为人均国民收入低于平均水平，所以能买得起汽车的人其实并不多。在这种状况下，一个叫作"塔塔"的汽车公司根据印度的实情，着手开发超低价汽车。最终，他们成功开发出了价格比摩托车稍贵一些，但比一般小汽车便宜很多的、售价仅为 2500 美元的超低价汽车。对于贫困的印度人民来讲，一般的中型汽车无法产生很大的反响，这种几乎与摩托车差不多价位的、低廉的汽车才符合他们的需要。虽然这种汽车是用特殊的塑料制作的外壳，发动机档次也跟摩托车差不多，只有 500 毫升左右，但依然成为了全民普及型汽车，受到印度人民的广泛青睐。

17 从不同角度观察

能看的音乐——MTV

1981 年，美国的顶尖媒体企业华纳音乐集团（Warner Communication）和信用卡公司美国运通公司（American Express）一起合作创立了专业录影带电视台——MTV。他们积极地开展事业，认为音乐肯定不会局限于只是听的形式，而会向观看的方向发展。在 MTV 上第一次播放的音乐录影带以宇航员尼尔·阿姆斯特朗替 MTV 剪彩为画面，背景音乐则是英国乐队 The Buggles 的歌曲，结果不出他们所料。MTV 成立后，第一次出现了"DJ（电台的音乐节目主持人，Disc Jockey）"这一新名词，而后随着迈克尔·杰克逊、麦当娜等歌手的 MTV 陆续上映，从听的音乐到看得到的音乐的转变引起了越来越多的人的兴趣。MTV 还曾被《商业周刊》连续 7 年评选为世界顶级品牌。它的影响还波及韩国，SM 娱乐公司的会长李洙万在美国留学期间看到 MTV——"看得到的音乐"之后，便以培养能歌善舞的歌手为目标创立了 SM 娱乐公司。

原理

把二维物体转变成三维物体。

从对立的角度观察并找出活用方案。

应用事例：济州岛"올레길"

济州岛政府从不同的角度去观察普通的乡间小道，并把它转变成"올레길"，最终开发成为旅游路线。"올레길"是济州岛方言，指的是"从街道通向大门的狭窄小巷"。根据西归浦市的统计，到 2008 年年末已有 3 万名旅客访问过济州岛的"올레길"路线。其实这里既没有特殊的成套观光资源，也没有新建的完备设施，只不过是把海滨路、山路、乡间小道连接起来而已。通过不断扩张，到 2009 年，济洲岛已经有了 15 条这样的旅游路线，总长度达到 266 公里，三星经济研究所甚至还将"올레길"评选为 2009 年度的热卖商品。

18 改变固定变数

爱迪生和海伦·凯勒利用振动听音乐

爱迪生在电灯、留声机、电报、电话、打火机、麦克风、电影摄像机、电影胶卷、蓄电池、电车铁路、合成橡胶、水泥、挖掘机、X射线、发电系统等多个方面推出了种类繁多的发明产品。他一生总共取得1093项专利，留下了1300余项发明。关于他的发明可能众所周知，然而很少会有人知道他小时候弄伤了耳朵，所以他的听力并不是很好。虽然听力不是很好，但是爱迪生却很喜欢音乐。爱迪生在研究所正中间摆放了一架钢琴，经常跟研究员们一起举办演奏会。后来他完全失去了听力，但反而更加埋头研发留声机。在开发留声机的时候，因为听不到音乐的声音，他就抱着留声机通过传达到身体的振动来感觉声音，专注于留声机的开发。爱迪生开发出留声机之后，海伦·凯勒访问了爱迪生的研究所。爱迪生跟海伦·凯勒一起抱着留声机用身体感觉了声音。爱迪生不能靠耳朵去听声音，但他却通过感觉振动来发明了留声机。

原理

利用振动。

如果有振动，就将它增加到超声波的振幅。

应用事例："大教学习"的访问学生制

传统的教育方法是学生到学校去学习，教师在学校指导学生学习方法。而彻底改变这一方式的企业就是大教集团。"大教学习"并不是学生跑来跑去地学习，而是采用了教师到学生家中指导学生的访问学习制度。在学校，学生按照指定的教学计划来学习，而在访问学习方式中，学习的进度就会根据学生的水平而有所不同。访问学习方法就这样将固定变数转变为流动变数，将学习模式转变成以学生为中心的学习形态。

19 周期性进行，而非连续性

大马哈鱼的洄游

大马哈鱼在淡水河上游的干净水域产卵，孵化之后幼鱼会游到大海里生活，等到了产卵期又再回到自己出生的小河上游产卵。大马哈鱼究竟是如何记住自己出生的小河并再次回到那个地方的呢？鱼类学家哈瑟说："大马哈鱼从出生到出海的期间里会记住自己出生的那条小河的气味，洄游时它们就根据这个气味重新回到自己出生的小河中。"人们在大马哈鱼身上装上信号跟踪仪，观察了它们在沿岸的移动情况，结果发现大马哈鱼确实是在一边移动的同时，一边探索着自己出生的那条小河河水的流动。

原理

把连续性的措施转变为周期性的措施。

利用作用与下一个作用之间的时间差。

应用事例：市中心的可变车道制度

无论你到哪个国家，那个国家最繁华的城市的交通情况肯定是非常复杂的。除了人口与汽车的数量庞大以外，最大的问题就是大部分的市中心道路都非常狭窄，因为这些建筑都是很久以前设计的。可变车道制度就是解决这种市中心复杂交通状况的一个典型事例。我们可以想象一下上、下班时的情形。在上班时间，最挤的是从市郊进入到市中心的车道，而相反，在下班时间则因为车辆从市中心向市郊移动，因此又会出现一次瓶颈现象。为了在有限的道路上更为顺畅地进行车辆疏导，在高峰时段就可以试行可变车道制度。在上班时段，把通往市中心的车道信号灯标示为绿灯，而在下班时段，则把从市中心通往市郊的车道信号灯标示为绿灯，使车辆行驶得到更好的分配。

20 使有用的作用持续下去

瞪羚与猎豹的竞速

瞪羚虽然摄取的营养很少，但身体却非常敏捷、精练，并且身材纤长。瞪羚栖息于萨凡纳（热带稀树草原）、沙漠等干燥地带，靠夜晚啃食嫩苗、嫩草及灌木叶等来维持生存。奔跑速度特别快是它最大的特点。瞪羚经常会成为像猎豹一样的猛兽们的捕猎目标，因此没有特殊生存武器的瞪羚要想在大自然当中生存下来，敏捷的动作与速度便是它必不可少的能力。如果受到身体敏捷的猎豹或豹子的攻击，瞪羚就必须用比它们更快的速度逃跑。猎豹和豹子为了能捕捉到瞪羚只有进化得越来越快，但同时瞪羚为了不被它们捕捉到也进化得越来越快。

原理

不停地运转。

避免动作的中断或间歇性动作。

应用事例：网上银行（Online Banking）

信贷是银行的基本业务。光顾银行的顾客们都希望能随时自由地进行存取款业务，而银行方面却因业务时间上的关系，只在上午9 点到下午 4 点办理窗口业务。但顾客们却希望信贷业务能 24 小时不间断，随时随地都能进行存取款业务，也就是希望银行能够像 24 小时营业的便利店一样提供方便的服务。考虑到顾客们的不便和银行的费用负担问题，人们推出的创意想法就是网上银行。网上银行的出现使顾客们在窗口业务结束以后仍然可以在网上自由地进行存取款业务，它的出现使银行可以 24 小时、365 天——任何时候都能持续性地发挥其有用的作用。

21 如果有害，就马上进行

翠鸟轻快的速度

虽然我们经常意识不到，但我们周围确实有许许多多优秀的东西，翠鸟就是其中之一。它也被称之为鱼虎（Kingfisher），意为"捕猎鱼类的王者"。翠鸟能够在流动的水中捕猎游来游去的小鱼，而之所以它能轻而易举地做到这一点，就是因为它有出众的视野和闪电般的速度。翠鸟在小鱼可能出现的地方快速飞过，一旦发现有鱼就会在空中停止飞行。当然，要迅速停止飞行并飘浮在空中，并不是件容易的事情。为了能把头固定在一个地方停止飞行，翠鸟以每秒钟 10 次以上的速度高速摆动翅膀，等待准确无误地锁定目标后，便以 100 公里以上的时速冲向目标物，直入水下 1～2 米深处。因为翠鸟的速度极快，所以被锁定为猎物的小鱼甚至连水的波动都还没感觉到，就已经被翠鸟捕获了。

原理

高速进行来排除有害因素。

应用事例：高速公路上的 High pass

高速公路是需要收费的，为了征收费用就要建设收费站。高速
公路建设初期，人们在进入高速公路收费站时就要支付到目的地的
费用。于是，从收费站的入口开始车辆就排起了长长的车队，等待
支付通行费。后来为了改善这种情况就引进了一种新方式，就是在
进入收费站的时候领取通行票，最后到达目的地收费站时再计算费
用。而随着利用高速公路的车辆越来越多，这种方式也起不了多大
作用了。为了等待取出通行票，很多车辆又不得不在收费站入口排
队等待，因此等待的车队自然又开始变得越来越长。空中传球（High
pass）方式就是为改善这种情况而开发的，它利用附着在卡片上的
电子芯片来自动征收费用。现在利用"High pass"的车辆可以快
速通过收费站，也就不用再为了支付费用而排队等候了。

22 用有益替换有害

顺天湾的沼泽地

位于全罗南道顺天市的顺天湾是城市之中的沼泽地。与附近的丽水港不同，在这片沼泽地上不能建设港口，因此这里的农民们就把它开垦成农田来利用。渐渐地，约 800 万平方米的沼泽地都变成了农田，但随着附近的民宅与饭店越来越多，农田也开始受到了破坏。之前顺天市民们虽然把沼泽地当成无用之地而一直忽视它的存在，但现在他们再也不能看着沼泽地渐渐荒废下去而袖手旁观，于是他们想出了一个主意，就是把顺天湾改造成生态观光地。

于是，顺天市开始着手进行净化流入沼泽地的污染物质、复原荒废湿地的工作。随着沼泽地附近的民宅与饭店一一迁走，这里慢慢地被改造成了一个生态环境城市。港湾的生态系统得到了恢复，沼泽地的食物也变得越来越丰富，渐渐地候鸟也多了起来。很久以来一直被废弃的沼泽地在得到人们的重视后变成了自然生态系统的宝库，为了欣赏芦苇、沼泽地和候鸟而来的旅客数量也急剧增加，可以说是一举两得。虽然顺天市因为沼泽地而未能建设港口，也无法进行产业化，但通过复原自然生态环境，却将城市打造出了一个新的面貌——"生态观光地"。

原理

为了取得期望的效果，要利用有害因素（特别是环境因素）。

把有害的因素结合起来，消除有害性。

增加有害的程度，使它变得不再有害。

应用事例：消除害虫的荷兰农业

种庄稼的时候，为了消除对农作物有害的害虫人们都会使用农药。但因为农药对人体有害，所以每当人们吃那些使用农药栽培的水果蔬菜时，难免都会有一些不放心。但在荷兰，人们却完全不用担心这些。荷兰的天敌农业非常发达，他们会利用天敌来消除害虫。通过天敌农业，荷兰将农药的使用量缩减了 85%，而且每年能输出相当于 200 亿美元的农产品。天敌农业可以适用于各种各样的蔬菜水果，例如草莓、番茄、辣椒、红灯笼辣椒、黄瓜、西瓜、香瓜等，几乎对所有作物它都能起到非常显著的效果。每种作物都有自己特别容易滋生的害虫，而通过释放能捕捉这种害虫的天敌就可以自然地消除害虫。

23 利用反馈

蝙蝠的声波飞行

对人类来说，在没有灯光的黑暗中行动并不是件容易的事情，但蝙蝠却可以在什么都看不见的深夜里自由自在地翱翔天空。蝙蝠是通过发出超声波并接收超声波来引导飞行的。蝙蝠并不是用眼睛，而是用耳朵来听反射波的声音，探测昆虫的位置进行捕猎。也就是说，蝙蝠通过发出超声波并分析反射回来的回声，用耳朵来观察周围的环境，而并不是用眼睛。根据物体的大小不同，反射回来的回声也各不相同，蝙蝠正是利用这种波谱来分析物体的。超声波影像装置的分辨率是指被探测到的两个物体之间的最小距离，而蝙蝠为了测出精准的影像，会利用两种方式来处理反射回来的声波。一种是利用大脑来测定反射回来的回声时间，并通过这些确定离目标的距离；另一种则是利用神经元制造出三维影像，以此来测定波谱。

原理

通过接收反馈，观察反应。

应用事例：回帖营销

企业在规划或开发新产品的时候，为了把握市场变化和顾客需求，经常会进行市场调查。当然市场调查是必不可少的，因为它能系统而深入地掌握资料，但是考虑到从规划、调查再到分析，需要投入很多时间和费用，所以在实际当中常常难以执行。不过，也不能一直就坐在桌前进行所谓的市场调查。因此在数字化时代，我们就可以利用执行起来既迅速又简单的回帖来进行顾客反馈调查。例如，在网上购物中心，分析用户的意见及使用后的回帖来把握顾客的需求；或炒作预先规划的事情，利用网友们的回帖来分析公司的规划。另外，回帖不仅可以用在规划方面，还可以作为促销手段，如今已经逐渐成为了营销的主要手段。

24 利用中间媒体

鸬鹚捕鱼

桂林在中国算是经济比较落后的地区，生活在这个地方的淳朴人们从很久以前就开始利用鸬鹚来捕鱼，以此维持生计。鸬鹚的羽毛呈暗灰色，是一种不能飞的鸟，拥有一双小得可怜的翅膀。但它带钩的细长鸟嘴和长长的脖子，可以迅速地揪住水中的大鱼并吞下去。

鸬鹚捕鱼是用细绳把鸬鹚的脖子下半部分绑住，让鸬鹚无法把大鱼吞下去，用这种方法来代替人们捕鱼。当鸬鹚成功地抓到鱼以后，渔夫就掰开鸬鹚的嘴巴，将未能吞下去的鱼取出来。就这样，渔夫利用鸬鹚抓到了鱼，鸬鹚捕鱼也就算成功了。中国桂林地区的渔夫们就是这样把鸬鹚当成一个中间媒体来捕鱼，而不是用鱼钩或者渔网。

原理

为了执行或传达作用，利用媒体。

临时导入中间媒体。

应用事例：男洗手间里的苍蝇画

男洗手间里小便的地方和大便的地方是分离开来的。与大便便器不同，小便便器经常会被污染，因此需要经常进行清洁工作。为了解决这一问题，在韩国的洗手间内通常都会挂上"维护整洁，人人有责"、"前进一小步，文明一大步"等标语来强调使用者对于环境清洁的自觉性。但在荷兰阿姆斯特丹的史基浦机场，却没有任何这样的标语，但是，他们却能把溅到外面的小便量减少 80% 左右。其秘诀就在于男士们解小便的小便器中央下端，在那里画着一只栩栩如生的"苍蝇"。因此，使用机场洗手间的人们在解小便的时候，为了不碰到苍蝇，都不得不格外小心翼翼，而这也自然而然地就对小便器的洁净起到了很大的帮助。阿姆斯特丹的史基浦机场就是将苍蝇作为中间媒体，间接地改变了人们解小便的方式。

25 让使用者去体验

唱歌的垃圾箱

在欧洲的一座城市，因为居民们随便乱扔垃圾而导致清扫费用不断增加，因此他们开始思考减少垃圾的方法。虽然之前也开展过减少垃圾的运动，但其效果都只是暂时性的。如果增加清洁工，那也只是在增加费用，无法从根本上很好地解决问题。这时，一名公务员提出了一个好点子。他的想法就是：如果不能减少垃圾排放量，那就让大家把垃圾准确地扔到垃圾箱里。他研制出了附带有简单装置的垃圾箱，如果把垃圾丢到垃圾箱里，它就会传出歌声。扔垃圾的时候从垃圾箱里会传出歌声，居民们都觉得这是件不可思议又神奇的事情，于是，他们为了能听到歌声就开始把垃圾准确地丢进垃圾箱里。就这样，漫无目地丢垃圾的事情减少了很多，同时也在一定程度上减少了垃圾的产生量。

原理

让客体或系统自动发挥功能。

让其自觉执行功能。

应用事例：苹果的应用程序商店（App Store）

2007 年苹果第一次发布 iPhone 的时候，很多人都对此非常感兴趣。但是单凭好奇心而购买产品的人显然并不多。史蒂夫·乔布斯认为要想提高智能手机的价值，就需要有各种各样的应用软件。但是从苹果的实际情况出发，要开发出种类繁多的软件并不是件易事。因此，他就想出一个办法，让顾客自己来开发应用软件。为此，苹果创建了可以进行应用程序交易的地方——App Store。他们认为顾客们会自己开发出应用程序并互相进行交易。

结果果然不出苹果所料。事实上，从 2009 年 App store 一开张，顾客们就开始自发地开发应用软件并上传到应用程序商店里，而 iPhone 的使用者们也开始一个接一个地购买这些应用软件。应用程序商店大受欢迎，开设不到一年就已经有 15 万种应用软件进行了注册，并产生了约 20 亿件的下载量。

26 创造性再学习

莫扎特的音乐旅行

莫扎特出生在奥地利的萨尔茨堡。他的父亲是个宫廷乐师，所以莫扎特从 4 岁就开始学习钢琴，而且从小就显露出了极高的音乐天赋。5 岁时莫扎特就显示出了创作小曲的天赋，为了给宫廷展现他的才能，父亲带着 6 岁的莫扎特开始了一次试验性的巡回演出。

他们几乎走遍了慕尼黑、巴黎、罗马、伦敦等西欧大城市，欣赏了美丽的风景和华丽的宫廷，也结识了许多有名的音乐家：在巴黎见到了舒伯特，在伦敦见到了巴赫——这给他带来了巨大的影响。这一期间，他在巴黎创作了小提琴奏鸣曲，在伦敦创作了最初的交响乐。通过巡回演出莫扎特受到了新的刺激，创造性地再次学习音乐大师们的作品并创作了自己的新曲子。在巴黎巡回演出时，莫扎特偶然听到了一首叫作《啊，妈妈，我要告诉你》的曲子，因为他非常喜欢这首曲子的旋律，所以就创作了十二段变奏曲。这首钢琴变奏曲就是《小星星》。莫扎特巡回欧洲各国，产生出了一些灵感，也因为有了这些经验，之后他才能创造出《土耳其进行曲》以及波斯风格的音乐。

原理

使用简单而廉价的复制品来代替昂贵的客体。

用可视的东西来代替看不清的东西。

如果已经具有可视性，就去尝试其他感觉。

应用事例：飘浮半空的岛——《阿凡达》

2009 年上映的电影《阿凡达》刷新了全世界的最高票房纪录，取得了巨大的成功。《阿凡达》成功的原因在于 3D 技术与无懈可击的故事情节，而电影中最吸引人眼球的场面就是在纳威人生活的潘多拉星球上的战斗场面。纳威人的战斗场面大部分都是以飘浮在半空中的岛为中心展开的。飘浮在半空中的那些神秘的小岛是从雷内·马格利特的画中得到灵感而创造出来的。超现实主义画家马格利特的作品当中有一幅叫作《比利牛斯山的城堡》的画。在这幅画中，巨大的岛飘浮在半空，而且上面还有座城堡。于是导演詹姆斯·卡梅隆把比利牛斯山的城堡应用起来，创造性地制作出了《阿凡达》这样杰出的电影作品。

27 用廉价的方法进行创意

汽车出租公司

1900 年年初，美国福特汽车推出了"Model T"系列的小型汽车，以期普通公众也能买得起。随着该款汽车的使用者与日俱增，但对于大众来说，汽车仍然遥不可及。1918 年，沃尔特·雅各布斯（Walter Jacobs）在芝加哥用 12 辆福特汽车开始了汽车租赁事业。即使价格下降得再多，一些人还是买不起汽车，对于这些人来说租赁汽车的方式确实是个不错的主意，所以渐渐地这种需要也就多了起来。1923 年，芝加哥出租车公司的老板约翰·赫兹（John Hertz）收购了这家公司并将其改名为"赫兹自主驾驶"。而到了 1926 年，通用汽车（GM）公司合并了它，并将其积极应用于增加本公司的车辆需求方面。现在，赫兹在美国境内拥有 1900 家分店，同时在全世界约 145 个国家拥有 7600 个营业点。

原理

改换成廉价、寿命短的一次性用品。

以出租的形式取代拥有。

应用事例：净水器出租与长期租赁公寓

熊津豪威曾出售过高价净水器，但由于对饮水机的认识不足以及价格上的负担，其销售业绩并不理想。后来，熊津豪威绞尽脑汁后想出了直到现在还在沿用的出租方式。除了出租净水器以外，只要每个月交几万韩元公司就会提供过滤器的清洁和管理服务。在改变了销售方式之后，净水器的需求开始与日俱增。

另外还有一个很好的事例就是公寓。公寓对于没有住宅的人们来说是个"可以拥有家"的梦想，但由于其高昂的价格，对于那些拿薪水过日子的公司员工们而言，这也只不过是一个遥远的梦想。对于一个没有任何财产的人来说，单凭工资要在首尔购买公寓是个几乎不可能完成的任务。因此，首尔市就将原来公寓"一生拥有的概念"改变为"30 年长期租赁"的方式，使工薪阶层只要交租金就可以长期居住。

28 用比喻的方法举例说明

大象的比喻与举例说明

　　大象一天可以吃掉重达 225 公斤的食物，需要喝的水多达 100 升。所以为了寻找水源，大象经常会 10 ～ 30 只成群结队地进行长途跋涉，而在这个旅途中，带头的母象就起到了决定性的作用。母象会将自己对地形的知识和记忆力动员起来寻找水源的位置，因此，可以说母象寻找水源的能力决定了整群大象的存活与否。另外，大象成群结队地迁徙时，它们会利用低频声波进行相互沟通并保持队形。偶尔也会出现小象脱离队伍的情况，这时母象就会用长长的鼻子拍打小象的后背或屁股来发出危险信号。就像这样，母象会通过比喻或预示的方法向小象传达危险信号。

原理

用光学、音响以及五官感觉来对付机械装置。

利用另外一种场（电场、磁场）来与客体产生相互作用。

应用事例：充满咖啡香味的咖啡馆

路过面包店的时候，如果人们闻到烤面包的香味，食欲就会突然大增，因此很有可能不知不觉地就走进了面包店。气味对于人来说有着强烈的刺激作用，现在只要你去咖啡专卖店就能闻到咖啡的味道，但在 20 世纪七八十年代那些卖咖啡的茶房里却并非如此。当时的茶房几乎都在地下，而且由于烟味太浓，根本闻不到一点儿咖啡的味道。从 2000 年开始，以星巴克为首的咖啡馆开始将自己的店面开在了建筑物的一楼，而且一打开咖啡馆的大门就可以闻到浓浓的咖啡香味。对于咖啡迷们来说，咖啡的香味不仅能刺激他们想喝咖啡的欲望，还对顾客选择高品质咖啡起到一个非常重要的作用。为了使咖啡馆内充满咖啡香，有的咖啡馆还会将吸烟者拒之门外，或者将他们请到专门设置的吸烟室里去。

29　赋予流动性

蜣螂的食物移动

　　蜣螂会停留在自己所负责的动物旁边的树上静静等待，一旦排泄物掉到地上，它就会以惊人的嗅觉闻着气味向它出动。那么蜣螂究竟是用什么方法来移动比自己的身体重 50 倍的排泄物呢？如果用人来打个比方，就相当于一个体重 50 千克的女性去移动 2.5 吨重的物体。所以为了移动如此沉重的排泄物，蜣螂会把排泄物滚成团子来移动。蜣螂之所以能搬动比自己重 50 倍的物体的原因，就在于它将坚硬的东西削成圆形，赋予了其流动性。

原理

用可流动的东西来代替坚硬的东西。

附加软件功能。

应用事例：水、陆两用观光大巴

大阪和新加坡都有水、陆两用观光大巴。新加坡的"鸭子旅行（Duck tour）"指的便是画着鸭子图案的水、陆两用观光大巴，可以承载 30 ～ 40 名乘客在旅游观光路线行驶。它从城市中心出发，进入新加坡河之后，经由海岸线再次回到市中心，总计运行时间大约是 50 分钟左右。新加坡赋予水、陆两用大巴流动性，让它痛快地在河水中奔驰，同时也给无数旅客带去了欢乐。

30 强求辅助手段

索斯查图斯的灯塔

2300 年前，马其顿的亚历山大大帝征服了埃及和波斯，建立了以他的名字命名的亚历山大王国。他每征服一个地方，就会在那里建立一个亚历山大港，而在七十多个亚历山大港中，位于埃及尼罗河下游的亚历山大港发挥的作用是最重要的。亚历山大 33 岁猝死后不久，他原来的部将托勒密（Ptolemaeos）到埃及的亚历山大港建立了托勒密王国。亚历山大港是东西方文化的交汇地，这使其成为了一个繁荣昌盛的国家。托勒密大帝为了建立能象征自己权威的巨大灯塔，便下令让当时最好的建筑师索斯查图斯（Sostratus）建造灯塔。

索斯查图斯设计了世界上第一个 3 层结构、高达 135 米的灯塔。索斯查图斯希望在灯塔上留下自己的名字，但是国王下令只能刻上"托勒密"的名字。但索斯查图斯却没管那么多，他先在灯塔上端的大理石上刻上了自己的名字，接着在那上面涂上一层石灰，然后再在石灰上刻上国王的名字。矗立在海边的灯塔因长期的风化作用，石灰渐渐就被磨蚀掉了，过了几十年后，国王的名字消失了，取而代之出现的是刻在大理石上的索斯查图斯的名字。利用石灰这个辅助物质，索斯查图斯最终使自己的名字留在了灯塔上。

原理

将常规的构造物换成柔软的膜或者薄薄的胶片。

利用柔软的膜或者薄薄的胶片，将物体与外部环境隔离开来。

应用事例：三角紫菜包饭

不管是在日本还是韩国，紫菜包饭都是深受人们欢迎的人气食品。首先它吃起来很方便，而且味道也不错，所以大家都非常喜爱这一食品。但是因为紫菜抵挡不住潮湿，如果不在制作出来一两个小时内吃掉，它就会发软。所以虽然各个便利店都很想卖紫菜包饭，但是因为保存上的问题，只能将紫菜包饭的销售暂时搁置。之后，为了制作出可以保存的紫菜包饭，人们不停地进行研究，终于找到了能将潮湿的米饭和干燥的紫菜分隔开来的方法，那就是以玻璃纸作为辅助手段，放在米饭与紫菜之间，用这种方式阻断湿气。现在我们随时都能在便利店买到的三角紫菜包饭就是这样制作出来的。

31 简单化，变得更轻便

鱼鹰的成功捕猎

秃鹫和鱼鹰虽然样子长得差不多，但是其捕猎习性却完全不同。秃鹫以动物或者鱼类的尸体为食，但鱼鹰却是捕猎活生生的鱼来吃。谈到鱼鹰的样子，它的喙很长，像钩子一样，爪子也很长，趾甲又大又锋利，外侧的趾头可以随意往后转动，而且掌面有凹凸不平的突起，只要鱼被它一把抓住，就肯定是逃不掉的。鱼鹰尤其喜欢像鲻鱼或者鲤鱼这样的大鱼，它经常在大海与江河交汇的下游浅水区捕猎。鱼鹰在天空中翱翔的时候，一旦发现鲻鱼就会盯上它，然后再伺机快速扑上去，用锋利的爪子抓住——这就是鱼鹰的捕猎方式。

鱼鹰捕猎有两个重要的因素：一是锋利的趾甲，另外一个则是轻体重。鱼鹰从空中向鲻鱼扑过去的时候，最为重要的就是飞快地进到水中再迅速从水中钻出来。如果不能快速从水中出来，对于要求体重保持轻盈的鱼鹰来说就很致命了。因为它必须要以很轻的体重、用强有力的翅膀再次飞到空中，所以，鱼鹰只有将自己的捕猎简单化、使自己的身体变得更轻便，才能进行成功的捕猎。

原理

用多孔性材料制作。

将功能简单化，减轻重量。

应用事例：超轻便登山用羽绒服

登过山的人应该都知道，平地的温度和山顶的温度会差很多。所以登山的人们都会把各种装备和衣物装在背包里背着上山。当然，不可能将所有想要的东西全都背上登山，因为背包的大小有限，在装行李的时候，人们都尽可能选择体积小、重量轻的东西，并把非急需的东西挑出来。可是必须要带的就是应对气温急剧变化的羽绒服。但是因为其体积太大，对喜欢登山的人们来说，要想把羽绒服装进背包里，一直是件头疼的事情。最近，一种新开发出来的超轻便羽绒服则以 900 匹的力量（复原力，数值越高保温能力越好），将鹅绒的重量减轻到了 140 克左右。更神奇的是，如果将这种羽绒服折叠起来，其体积就会缩小到 500 立方厘米，可以非常方便地装到背包里随身携带。

32 从技术上重新观察

猫头鹰的眼睛

　　猫头鹰是生活在韩国平原或丛林中的一种候鸟。它白天待在树枝上一动不动，到了夜间才开始活动。猫头鹰最独特的地方就是它的眼睛。它的眼睛巨大，几乎占其体重的 1%~5%。而且，跟其他鸟类不同，它的两眼都向着前面，因此猫头鹰可以同时用两只眼睛观察事物，具有宽阔的双眼视野，视野角度可达 180° 左右（人类是110°）。因为猫头鹰通常都是在夜间活动，所以人们一般认为它们在白天看不清事物，认为它的眼睛只能在晚上才看得清楚。但事实上这是个错误的想法。猫头鹰可以根据光的亮度调节瞳孔的大小，所以不论白天还是夜晚都能看得清楚。因为它的眼睛很大，所以在光线比较暗的夜晚也能看清东西。猫头鹰不仅具有巨大的眼睛和眼睑，还有调节瞳孔的能力，让自己不论是在夜间还是白天都能清楚地观察事物。

原理

改变物体或环境的颜色。

改变颜色等光学特性。

利用技术改变性质。

应用事例：汽车导航仪

随着私家车越来越多、道路状况的改变越来越频繁，经常会出现驾驶途中要查地图的情况。特别是，如果一个路痴要去一个陌生的地方，那他肯定会觉得无比迷茫。驾驶员在驾驶途中查地图是非常危险的事情，所以对能代替地图的导航仪的需求便与日俱增。通过导航仪，驾驶员可以轻松检索出要去的目的地、道路以及建筑物，而且除了画面它还能提供语音服务，现在几乎已经作为车载必需品安装到了每一辆车上。通过将地图这种模拟图形转变成数字形式，导航仪开辟出了一个全新的市场。

33 固守本质

《小提琴协奏曲》中的本质

彼得·伊里奇·柴可夫斯基从俄罗斯圣彼得堡法律学院毕业后曾经当过官，直到1860年从安东·鲁宾斯坦主持的音乐教室毕业后，才成为了莫斯科音乐学院的教师。1877年，他在首富波恩·梅克夫人的资助下，全身心地投入到音乐创作当中，谱写出了《小提琴协奏曲》。这首曲子使用了大胆的旋律，因此要求演奏者有出众的演奏实力，所以当时他虽然将这首曲子寄给了最好的小提琴家，但却因无法演奏而被拒绝了。三年后，另外一个小提琴家初次演奏了这首曲子，却受到了评论家们的一致恶评。到了这份儿上，柴可夫斯基的赞助人对他的态度也变得没那么积极，但是他还是说服了赞助人开始重新寻找另外的演奏者。又过了好几年，终于有一天，演奏技术出众的海菲兹演奏了柴可夫斯基的《小提琴协奏曲》。由于海菲兹精彩的演奏，《小提琴协奏曲》受到了世人热烈的欢迎。虽然在此之前柴可夫斯基遇到了前所未有的危机，在音乐评论家们的修改要求中受尽煎熬，连赞助人也差点儿离他而去，但是因为他坚守本质的态度，最后他终于守住了这首最棒的《小提琴协奏曲》。

原理

事已至此，就继续利用相同的材料。

用类似的材质来制作相互作用的物体。

强化原来的性质。

应用事例：镜浦湖的湿地复原

江原道江陵市以夏日的海滨浴场而闻名。在没有什么特别产业的江陵，很大程度上就只能靠其观光产业发挥力量。但是因为旅客只集中在夏天，这让江陵市非常头疼。为了改善天冷就几乎没有旅客前来的问题，江陵市开始寻求各种解决方案。位于江陵的镜浦湖是与大海相连的沿岸湖，20 世纪五六十年前，这一带还是湿地，有很多鸟类在此栖息，直到后来才被开垦成农田，现在几乎都用来种植水稻。于是江陵市将镜浦湖上游地区的 80 万平方米水田都买了下来，并着手进行将其重新还原成湿地的工作。随着湿地逐渐增多，成千上万的候鸟又重新蜂拥而至，让这里成为了候鸟的乐园。重新改头换面后，来到镜浦湖观光的旅客的脚步开始络绎不绝。就这样，江陵市不仅恢复了大自然原来的样子，而且还重新打造出了新的旅游资源。

34 丢弃或者重新利用

人类的替代能源——风力发电

因为持续性的产业发展，全世界对能源的需求日益增加，但另一方面，石油资源也在逐渐枯竭，所以人类开始积极地开发替代能源。其中，风力正慢慢成为石油资源最有力的替代能源。风力发电机是将风能转化为我们可以利用的电能装置，当风力转动风力发电机叶片时，通过叶片的转动力会产生电能，我们所利用的正是这个能量。在过去，风力发电机的装置需要高昂的费用，但是最近由于技术的不断进步，其造价已经呈现出逐渐下降的趋势。如今风力发电机的单价比起 20 年前下降了 90% 以上，已经具有了非常高的经济性。如果当初我们没有想到风力发电这种替代能源，可能风也只不过是掠过我们身边的一种自然现象而已。而就是从这很有可能被忽略掉的风中，我们找到了能够替代石油的新能源。

原理

当事物完成其功能而变得没用的时候，就将它废弃或者变形。

去除浪费因素。

应用事例：太阳能手机

手机作为现代人的必需品，已经变得越来越重要了。但它也有需要给电池充电的缺点，每个人可能都遇到过，因忘了给手机充电而无法通话的尴尬经历。为了解除这种不便，人们想出了用太阳光给手机进行充电的主意。如果在过去，这肯定是像白日做梦般的事情，但现在三星电子已经推出了这样的产品。这款叫作"蓝色地球（Blue Earth）"的手机背面安装了太阳能板，可以随时随地用太阳光给手机充电。虽然这款手机目前只在欧洲市场推出，但是它依然被评价为是开辟太阳光充足而电力状况欠佳的中东、非洲、西亚等市场的好产品。

35 变化属性

豹子的换毛

豹子一般都是单独生活，白天在丛林中或者树荫下休息，到了夜晚就在一定的行动半径内进行捕猎。因为身体既柔软又敏捷，所以它很少悄悄地接近猎物，而是喜欢快速扑向猎物并放倒它。而且，因为豹子力量很大，所以不论是大块头儿的鹿或者牛，还是块头儿相对较小的猴子或者狗等，都是它的捕猎对象。捕猎鹿或者牛的时候，豹子需要尽可能靠近猎物后再进行攻击，所以它还具有出色的伪装术。夏天，为了能更好地隐藏在草丛中，豹子的毛色会略带绿色，等到草木开始干枯的秋天，它的毛就会换成褐色来进行伪装。汉语中有一个词——豹变，就是形容善于伪装术的豹子的变化。豹子不会为了伪装而改变自己的本质，但是却会改变"毛"这一部分属性来伪装自己的样子，以适应季节的变化。

原理

改变系统的物理状态。

改变浓度或者密度。

改变柔软程度。

应用事例：绝对不会凋谢的花——人造花

美丽的花朵因其漂亮的外观和浓郁的香气，被广泛用于装饰领域。但不管多么美丽的花朵，随着时间的推移都会慢慢枯萎，因此必须经常更换，所以非常不便。为此，香港的李嘉诚想到"怎样才能长时间欣赏到花的美丽呢"？并开始寻找能欣赏到长久不凋谢的花的方法。李嘉诚用塑料制作了不会凋谢的花，之后为了能在降低价格的同时保持美观，他专门到意大利学习了技术和设计，并在中国进行生产，同时实现了价格和美观上的需求。现在，塑料人造花因其不会凋谢的优点，再加上具备了花朵原有的美丽本质，在世界各地都广受欢迎。

36 改变整体的本质

在咸平飞舞的蝴蝶

全罗南道咸平郡是位于光州与木浦之间的典型农村。因为与大城市距离较远，咸平的产业化发展比较滞后，除了农业以外几乎没有其他说得过去的盈利产业。对于这个几乎可以说是偏远山区的咸平郡，咸平郡郡守想到了一个新兴产业——旅游，并开始寻找咸平值得炫耀的东西。他因地制宜地利用咸平产业开发滞后的条件，决定将蝴蝶引至环境一直保持良好的咸平。他在被遗弃的土地上播撒花籽，培养花园，再孵化蝴蝶，使咸平全境内都有蝴蝶飞舞。无数的蝴蝶在鲜花盛开的美丽环境中飞舞，那个场面实在是非常壮观。乘此时机，咸平郡举办了蝴蝶旅游节。原本在这片土地上的人们世世代代都只是种田耕地，现在却一下子变成了蝴蝶旅游胜地。现在的咸平人气极旺，每年都会有 500 万名观光客来到咸平的蝴蝶旅游节。可以说，咸平的蝴蝶旅游节就是将农业地区变成旅游地区、从改变整体的本质而获得成功的最好事例。

原理

改变体积与形态。

将固体或者液体转变成气体或者等离子体。

应用事例：电动汽车

利用石油作为能源的汽车是现代人的必需品。可石油资源是有限的，油价每天都在上涨，所以在数十年前，替代能源的开发就已经变得非常紧迫了。作为替代能源最有希望的就是利用电能的方法，现在已经有利用电能的汽车陆续被开发出来，正处于商用化的过程当中。将原来的液体汽油转而使用以等离子体形态来利用其能量的电池，这也是属于改变整体本质的情况。

37　将要因进行膨胀或者收缩

蒲公英孢子的领土繁殖

　　蒲公英是繁殖能力非常强的植物，只要阳光充足，在任何地方都能生长。它的生存能力相当顽强，即使有人在路过的时候拔掉蒲公英的苗、用脚踩踏，蒲公英也能从剩下的残根中重新长出来。四五月份蒲公英会开出黄色的花，并在跟叶子差不多长的花轴末端长出一个头状花（在花轴末端长出的很多没有花梗、形似头状的小花）。起初花轴上会有白色的毛，但慢慢就会消失，最后只有头状花下面留有一些细毛。然后蒲公英花就开始膨胀成数千个孢子，随风飞扬到很远的地方，在孢子落下的地方重新发芽，扩张自己的领土。

原理

为了获得有用的效果，改变要素之间的关系。

对于那些有效的部分，提高其膨胀程度。

应用事例：个人主页的网络化

随着互联网速度的加快、个人电脑性能不断增强，网络上出现了很多前所未闻的各种形态的网页。其中最具人气的一个就是"赛我（Cyworld）"，它的出现使制作个人主页变得更加轻松。"赛我"升级了制作个人主页的工具，并使其可以连接到互联网，让更多人知道用户自己的个人主页。使用个人主页的人可以根据喜好添加照片、图像、音乐，制作符合自己个性的个人主页，通过随机访问或者成为好友的方式，将自己的个人主页介绍给其他人。因为受到顾客的广泛欢迎，"赛我"的网页不仅得到了很好的宣传，同时使用者人数急剧上升，对"赛我"而言，它现在就只需要守株待兔了。

38 刺激

鸵鸟蛋的孵化

鸵鸟是陆地上个头儿最大的鸟类。一只公鸵鸟一般会带着3～5只母鸵鸟，孵卵的工作主要都由公鸵鸟来做，时间长达40～42天左右。鸵鸟蛋的大小比手球略小一些，但却无比坚硬，以至于要用锤子去砸才能打碎。那么，柔弱的小鸵鸟们是怎么弄破这坚硬的蛋壳出来的呢？答案就在于小鸵鸟的嘴。小鸵鸟嘴的尖端可以分泌能融化石灰质的特殊物质，即使蛋壳多么坚硬，大部分都能破壳而出。但可想而知，还是会有少数小鸵鸟们不能啄破蛋壳，在里面挣扎着。不能破壳而出的小鸵鸟们很容易闷死在蛋壳里，所以对它们的妈妈来说这显然是非常危险的状况。鸵鸟妈妈本能地会知道小鸵鸟破壳而出的准确时间，如果过了适当的时间还有小鸵鸟未能破壳而出，它就会从蛋壳外面用嘴啄蛋壳，让小鸵鸟更容易出来。就这样，小鸵鸟在蛋壳里面啄，鸵鸟妈妈在蛋壳外面啄，很快蛋壳就被啄破，小鸵鸟也就能破壳而出了。就像这样，在外面不停地给予刺激，而不是坐待结果，就可以通过这个刺激使新生命诞生。

原理

在一般环境的基础上添加活性化要素。

将一般环境转变为活性化的环境。

应用事例：如同校园的谷歌的工作氛围

在斯坦福大学攻读博士课程的佩奇和布林在准备博士论文的途中开发了搜索引擎。以这个引擎为基础，佩奇和布林创建了世界上最大的美国互联网检索引擎公司——谷歌。因为他们是以学生身份创办的公司，所以一直认为新的构思是在像大学校园一样轻松自由的氛围中产生的。谷歌与其他的普通公司完全不同，它就好像是一个大学校园，只要自己愿意，任何人都可以自由地装扮自己的办公空间，而且在工作时间内也可以做些运动或休息。谷歌将公司的氛围打造得无比自由，使人们可以无拘无束地跟任何人进行交谈，让员工们的创意力得到刺激，同时也促使谷歌不断地超越自己，得以快速发展。

39 稳定

在达沃斯的 3 天

每年 1 月，瑞士达沃斯都会举行世界经济论坛年会。世界各地的政界、金融界首脑们齐聚达沃斯，交换各种信息，对世界经济发展方案进行讨论。会议没有正式规定的议题，而是根据参会者所关心的领域自由地交换意见。虽然它是民间组织举办的会议，但是却有世界各国的总理、长官、大企业 CEO 等两千多人参与其中，在一个多星期的时间内对各个领域进行讨论。

除了世界经济论坛以外，每年 10 月微软的开发会议也会在达沃斯举行。在达沃斯，每个月都有世界级的论坛或者会议举行，而且这里的酒店只接受三天以上的预约。但这并不是为了留住顾客所采取的措施，而是为了让人们在经济度假村逗留三天以上，促使人们在稳定的氛围中开会或者讨论。实际上，世界经济论坛会持续长达一周的时间，而且大部分在达沃斯进行的论坛和会议的日程都会比其他地方更长，这样参会者们就能在更稳定的状态下自由讨论了。

原理

把现在的环境转换成非活性环境。

从客观物体中导入中性化物质。

应用事例：POSCO 的创意空间

浦项制铁是韩国经济史上一个无可替代的公司，它对韩国社会做出的贡献非常巨大。在进入 21 世纪以后，浦项制铁开始谋划新的变化。首先，浦项制铁将之前代表着强韧而又硬邦邦的公司形象的公司名改成了 POSCO，之后为了将耿直的企业文化转变成柔和而又极具创意的氛围，公司专门在本部建筑内打造了一个创意性的空间。POSCO 员工们的创意能力就是在这个地方培养起来的。在这个被称作"Poreka"、约有 350 平方米的空间里，员工们可以游戏、休息，同时还可以进行创意性的艺术活动。每天，POSCO 的员工们都会从排得满满的日程安排中抽出短暂的时间，在稳定的氛围中进行游戏、思考、艺术活动等，以此来转换思路，给创意能力充电。

40 融合

贝多芬的融合热情

清晨 5 点，贝多芬就早早地起床，开始一天的作曲工作，对音乐的热情始终如一。在谱写了《第五交响曲》以后，他的耳朵就几乎听不见了，之后便依靠助听器来生活。但是助听器能起到帮助的也不过就那么短短的几年而已。在谱写《第七交响曲》的时候，他的耳朵就完全聋了。一般情况下，如果耳朵听不到东西，大部分人都会放弃音乐，但是贝多芬没有。在耳朵聋了以后，他将钢琴的腿全都折断并放在地板上，靠感受声音的振动，继续作曲，继续热情地工作。他之所以在什么都听不见的状态下还能燃烧起对音乐的热情，是因为贝多芬具备将不同的事物融合在一起的能力。他的《第九交响曲》是在德国诗人佛里德里希·席勒的《欢乐颂》（*An die Freude*）的歌词上加上合唱的交响曲，是"第一首将四个人的独唱和大合唱融合在一起的交响曲"。这个作品被评价为包括贝多芬的作品在内的所有西方古典音乐中最杰出的作品，现在已经被评定为世界文化遗产之一。

原理

将同性质的材料改成复合材料。

将多个要素融合在一起。

将模拟与数字融合在一起。

应用事例：3D 动画小企鹅 Pororo

在韩国"小企鹅（Pororo）"这个品牌可谓家喻户晓。其开发公司 Iconix 总裁崔宗日说，他是从自己小孩儿玩耍的样子中得到灵感的。他着眼于没有面向 3 ～ 5 岁孩子们的动画或者动画人物的问题，决定制作面向小朋友们的动画。通过对动画人物的调查，他发现以企鹅作为动画人物的例子还没有出现过，因此就创造了一个企鹅的动画形象。人们都认为"Pororo"是以动画人物占领市场，但其实它是以影像化的故事情节打开了市场的大门。这个故事讲了一只南极企鹅和北极熊、沙漠狐狸在一座被冰雪覆盖又与世隔绝的森林中生活，所发生的一连串有趣的故事，与 3D 图形技术的融合，使其趣味性又翻了一倍。3D 动画"Pororo"一成功，根据其动画人物所开发出来的各种周边产品也大量上市，使它们成为在孩子中最受欢迎的动画人物。

E后 记
pilogue

像史蒂夫·乔布斯一样，但有时也要像海明威一样

　　在一个人迹罕至的小镇中心突然出现了一位年老的医生。为了兜售自己调制出来的一种液体和写有调制秘方的说明书，他走进一家药店，和年轻的老板讨价还价。他们之间的对话持续了很长时间。经过一番激烈的商谈之后，那个医生回到马车里，拿着大大的旧水壶和一张纸条回来了。药店老板确认了一下水壶里的内容物，从里面的口袋中掏出一沓钞票递给了医生。那沓钞票正好是 500 美元，一分不差，是年轻老板的全部财产。在拿到水壶和纸条的那一瞬间，药店老板望着远方，开始展开想象的翅膀：

　　"我会将这水壶里的东西卖掉，再用那些钱创建一个大公司，一个可以给全世界数百万人支付巨额工资的大公司。另外，这个水壶里的东西需要消耗大量的白糖，所以也会给无数从事栽培甘蔗、精炼白糖、销售白糖的人们提供很多工作岗位。不仅如此，以后装

这个东西的容器也会变成一个聚宝盆，让许多设计师、广告撰稿人、广告业者们有事可干，给那些把它变成美妙照片的艺术家们带来财富和名誉。因为这个旧水壶，我现在所站着的地方——亚特兰大，将会发展成美国南部最大的商业城市，而用从这个地方井喷出来的钱又可以创办南部最好的大学，让无数的年轻人在那里学习。"

这个药店老板就是创建了世界级公司可口可乐的艾萨·坎德勒（AsaCandler），而那个装在旧水壶里的液体正是可口可乐。

英国品牌咨询公司英特品牌与美国《商业周刊》在 2009 年共同发布的"本年度全球 100 强品牌"中，可口可乐排在了第一位。可口可乐已经连续 9 年蝉联了第一的位置，而且其品牌价值超过 80 兆韩元。人们的创意本能就如同"装在水壶里的可口可乐"一样。130 年前卖给艾萨·坎德勒的那个水壶，到现在已经增值到了 80 兆韩元。而就像那装在水壶里的可口可乐发挥出了 80 兆韩元的价值一样，藏在你头脑中的创意本能也将让你发挥出你的最大价值。

人们常说："如果年纪到了三十岁，那么即使是在岩石上也得扎根。"这句话强调了"三十"这个年纪的重要性。

人生当中最危险的事情就是在 30 岁时无所事事，这就如同在问你自己："你相信自己什么？你自己特有的武器是什么？"在上班时间抽空瞄一眼你的股票、在首尔郊区置办的一套小公寓、每个月都会存点儿钱进去的储蓄存折——难道这些就是你的武器吗？我相信你也不会认为这些能够保证你 10 年、30 年后的生活。

　　当然，也不是说这些完全没有用。我的意思是你要活下去的日子还很多，公寓、股票或者存折是很难保证你剩下的人生的。你是不是在想："再怎么样也不会饿死吧？"如果真是如此的话，那说明你每天都只是在白白浪费生命而已。所以，从现在开始就把这样的想法从你的人生中赶出去吧！

　　人类的最长寿命是 120 岁左右。最近，经常也能看到轻松活过百岁的人。假设我可以活到 100 岁，那么 30 岁也不过才刚刚活了一生中的三分之一而已。如果是这样的话，那么 30 岁就是要为剩下的三分之二的人生投资些什么的时期了。如果现在你已下决心对自己进行投资，那么我想说这样的话：

　　"在工作日要像史蒂夫·乔布斯一样激烈，在周末则像海明威一样悠闲地给创意本能投资吧！"

　　这就是成功者们的忠告。

图书在版编目（CIP）数据

　快思慢想：那些不可思议的创意本能/(韩)金荣汉，(韩)金钟沅著；申涛
译.—北京：北京联合出版公司，2014.5（2019.3重印）
　ISBN 978-7-5502-2693-7

　Ⅰ．①快… Ⅱ．①金… ②金… ③申… Ⅲ．①创造性思维－通俗读物 Ⅳ.
①B804.4-49

中国版本图书馆CIP数据核字(2014)第033293号
北京市版权局著作权合同登记号：图字01-2014-0991号

快思慢想：那些不可思议的创意本能

出版统筹：新华先锋
责任编辑：王 巍
特约编辑：海 莲 秦 潇
封面设计：王 鑫
版式设计：朱明月

北京联合出版公司出版
（北京市西城区德外大街83号楼9层 100088）
北京联兴盛业印刷股份有限公司印刷　新华书店经销
字数144千字　620毫米×889毫米　1/16　17印张
2019年3月第2版　2019年3月第2次印刷
ISBN 978-7-5502-2693-7
定价：49.00元